目と脳がフル回転！

即効マスター

マジカル計算術

宮俊一郎
Miya Shunichiro

Magical Calculation Technique

日本実業出版社

はじめに

　世の中には、計算が得意な人と、計算が苦手な人がいます。得意な人は、足し算・引き算だけでなく、掛け算や割り算まで暗算でこなしてしまいます。複雑な計算問題もスイスイ解いてしまうし、ややこしい数式も鮮やかに扱ってしまいます。計算が苦手な人には、まるで神ワザのように見えるでしょう。

　世の中は、とくにビジネスの世界では、計算に強い人が求められています。計算に強い人というのは、単なる計算上手の人ではありません。そこから一歩進んで、才覚を働かせて仕事ができる人のことをいいます。

　「ここでこの手を打ったら、それで損することはないだろうか」「ああするのとこうするのでは、どちらが得だろうか」

　ビジネスでは、こうした損得についての判断がしばしば要求されます。そんな場面で、数字を上手に活用して正しい計算を行ない、間違いのない判断を下せる人が、計算に強い人だと考えられます。

　つまり、「計算が得意」と「計算に強い」ということは同じではありません。

　では、計算は得意でなくてもよいかというと、そうではありません。なぜなら、計算を苦手だと感じている人に、計算に強い人はいないからです。計算を面倒くさがったり、苦にしたりしているようでは、とても計算に強くはなれません。まず、計算に対する苦手意識をなくすことが先決なのです。

　計算が苦手な人の共通点は、数字を見ただけで、最初からダメだと自分で決めてかかってしまうところにあります。じっくり腰をすえて自力で取り組めばよいのに、そういう人は簡単にあきらめてしまいます。すぐに、他人の計算能力に頼ることを繰り返していると、ますます数字から遠ざかり、苦手意識だけが強くなっていきます。

　これを克服するには、まず第一に、「計算に弱いとソンをする」ということを自分自身によくいい聞かせることです。実生活の場面で計算をするのは、自分のためなのです。そう思えば、計算を簡単に投げ出したりはできないでしょう。

　この本では、日常生活やビジネスの場面で計算が必要になったときに、知っていると便利な方法を整理して解説しています。これらの計算術をマスターして苦手意識を拭いとり、計算が得意になっていただけたら幸いです。

2005年9月

宮　俊一郎

即効マスター マジカル計算術 もくじ

はじめに

Prologue ソンしないための計算術

- 見た目でごまかされない ── 6
- より広い土地をもらう方法 ── 8
- 一見、もうかる話の落とし穴 ── 10

Part 1 マジカル足し算・引き算のコツをつかむ

1. たくさんの数字を素早く足すには？ ── 14
2. 上位のケタから足していく ── 16
3. 補数を使うと計算がラクに ── 18
4. 2ケタの足し算を1ケタに変える ── 20
5. 足し算の検算が簡単にできる ── 22
6. 裏数の威力は引き算で効果倍増！ ── 24
7. 2口の引き算は頭から計算する ── 26
8. 足し算と引き算を分けて考える ── 28
9. 引き算を足し算に置きかえる ── 30
10. ケタがまちまちな引き算でも簡単 ── 32
11. パズル感覚で補数・裏数を求める ── 34
12. やっぱり引き算より足し算がラク！ ── 36

Part 2 マジカル掛け算で計算が速くなる

1. 計算の順序を変えてみる ── 40
2. やみくもに頭から計算しない ── 42
3. 因数分解を利用すると簡単 ── 44
4. 掛け算の検算は数字和が使える ── 46
5. 9を掛ける掛け算のワザ ── 48
6. 11を掛ける掛け算のワザ ── 50
7. 11から19までの間の数を掛ける ── 52
8. 11から19までの数どうしを掛ける ── 54
9. 62×68や63×43を2秒で計算する方法 ── 56
10. 概数の掛け算のスマートなやり方 ── 58
11. ケタが大きい掛け算でもノーミス ── 60
12. ロシア式掛け算はボルシチの味 ── 62

即効マスター
マジカル計算術
もくじ

Part 3 マジカル割り算と分数・小数の計算

1. 100に近い数で割り算するとき ── 66
2. 割られる数と割る数に同じ数を掛けてみる ── 68
3. 数字和による割り算の検算 ── 70
4. 分数の足し算・引き算のおさらい ── 72
5. 分数の掛け算・割り算はこれでOK ── 74
6. 連続する割り算・掛け算は分数に直す ── 76
7. 小数と分数の混ざった計算 ── 78
8. 割り切れるか素早く見分ける ── 80

Part 4 知ってトクする計算の知恵

1. 見た目の数字はあてにならない ── 84
2. 縮小・拡大は比率に直す ── 85
3. 面積と長さの縮小・拡大 ── 86
4. 単位あたりでモノを見る ── 87
5. 確率の数字にダマされない ── 88
6. 1から100まで一瞬で足す ── 89
7. 平均とはどんなもの？ ── 90
8. 平均の平均は平均か？ ── 91
9. 比率や割合の平均に注意 ── 92
10. 足せる平均と足せない平均 ── 93
11. 基本は複利計算の考え方 ── 94
12. 貯金が2倍になるまでの期間 ── 95

なるほどコラム

1. ＋－×÷＝の記号はいつごろから使われ始めたか……12
2. 自宅から学校・会社までの距離を知ってる？……38
3. 倍々ゲームの恐ろしさ……64
4. モノサシの原点は人のからだ……82

数字を比較するときは
土台はそろえる…

編集協力：蒼陽社
本文デザイン・ＤＴＰ：ムーブ（新田由起子／大塚智佳子）
本文イラスト：永岩武洋

Prologue

ソンしないための計算術

ウォーミングアップ
スタート

Prologue
ソンしないための計算術

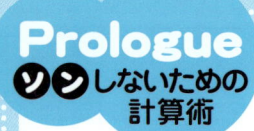

見た目でごま

小学3年生の健一君はとてものどが渇いていたので、学校から帰ってくるなり、お母さんに「ジュースちょうだい」といった。

すると、お母さんは2つのコップを持ってきて健一君に尋ねた。

「どっちのコップで飲む？」

Aのコップは半径3cm・高さ10cm、Bのコップは半径5cm・高さ5cmである。

健一君は迷わず背の高いほうのコップAを指差した。

その頃、健一君の同級生の今日子さんは、お母さんと買い物をしていた。スイカが安くなっていたので買うことに。

店頭には半径9cmの小ぶりのスイカと半径12cmの大ぶりのスイカがあり、小ぶりのスイカ2個と大ぶりのスイカ1個が同じ値段だった。

今日子さんは「2個買ったほうが量が多いからトクだよ」とお母さんにいい、お母さんも「そうよね」といって、結局小さいスイカを2個買った。

さて、健一君と今日子さんは、2人ともトクをしたのだろうか？

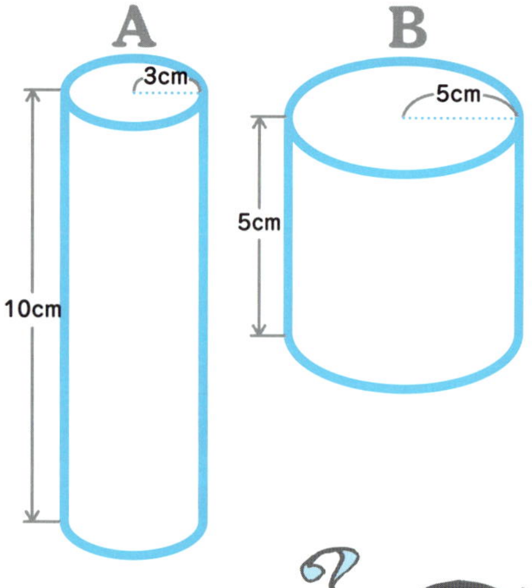

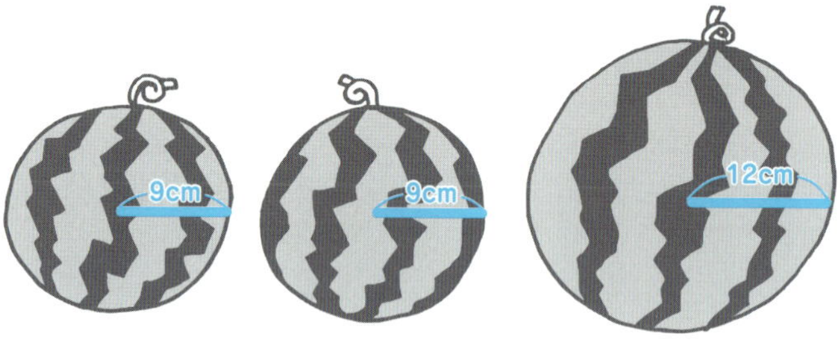

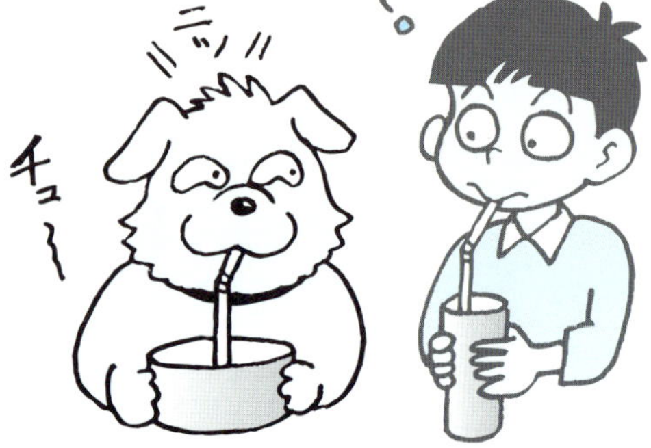

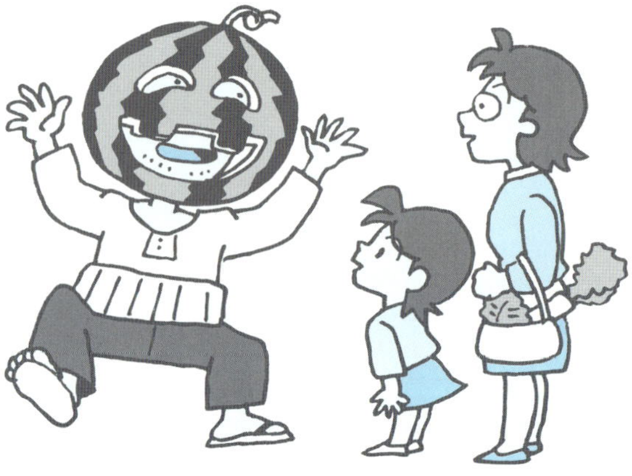

かされない

◎ちょっと見で判断しないで簡単に計算してみる

その結末は？

ず、健一君のほうから見てみよう。円柱の体積は半径をr、高さをhとすると、$πr^2h$で求めることができる。したがって、Aのコップに入る量は$90π\text{cm}^3$で、同様にBのコップに入る量は$125π\text{cm}^3$である。

つまり、AよりもBのほうがジュースが多く飲めたのである。

さて、今日子さんのケース。球の体積は$\frac{4}{3}πr^3$で求めることができる。スイカを完全な球として考えると、小ぶりのスイカ1個の体積は$972π\text{cm}^3$、大ぶりのスイカ1個の体積は$2304π\text{cm}^3$。小ぶりのスイカ2個でも、その体積は$1944π\text{cm}^3$となり、大ぶりのスイカ1個より小さい。

今日子さんは量的にはソンをしたということになる。もっとも、味の面では何ともいえないが……。

ここでは身近な例をあげたが、そのほかの場合でも見た目の大きさで飛びつくとソンすることもある。簡単に計算するクセをつけておこう。

円柱の体積 = $πr^2h$

$A = π × 3 × 3 × 10 = 90π\text{cm}^3$
$B = π × 5 × 5 × 5 = 125π\text{cm}^3$

Aのコップ ＜ Bのコップ

球の体積 = $\frac{4}{3}πr^3$

2個分だと$1944π\text{cm}^3$

小ぶりのスイカ = $\frac{4}{3}π × 9 × 9 × 9 = 972π\text{cm}^3$
大ぶりのスイカ = $\frac{4}{3}π × 12 × 12 × 12 = 2304π\text{cm}^3$

小ぶりの
スイカ2個

＜

大ぶりの
スイカ1個

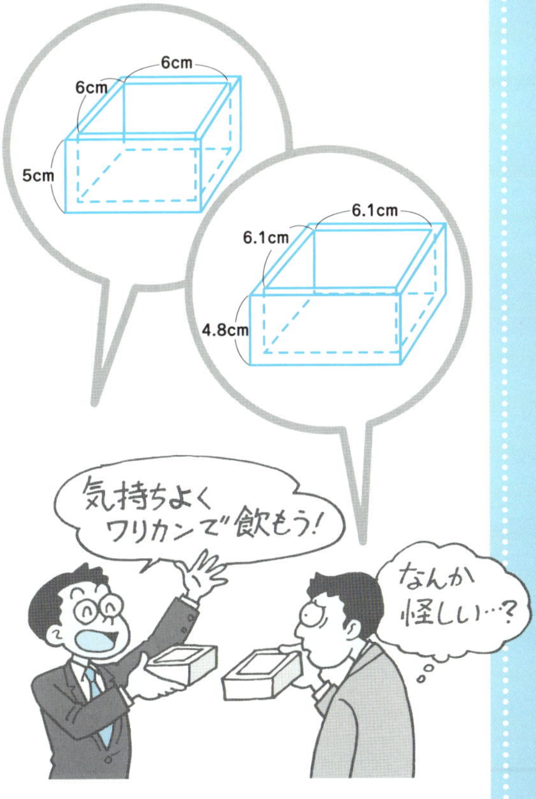

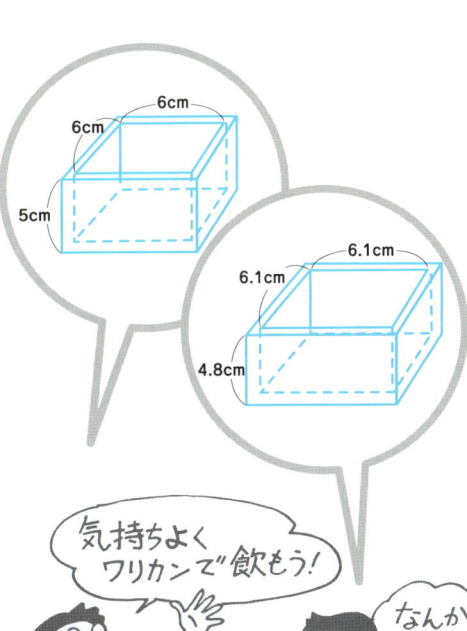

気持ちよくワリカンで飲もう！

なんか怪しい…？

Prologue
ソンしないための計算術

より広い土地を

15世紀のある国でのことである。隣国との戦いで功績のあった3人の騎士が、国王からほうびが与えられることになった。

「これから30分の時間を与える。馬を走らせて、30分後に出発点に戻ってまいれ。その間に囲んだ土地はそちたちのものだ」

どの馬も1分間に800m走るとする。

さて、与えられた条件のなか、誰が一番広い土地をもらったのだろうか。

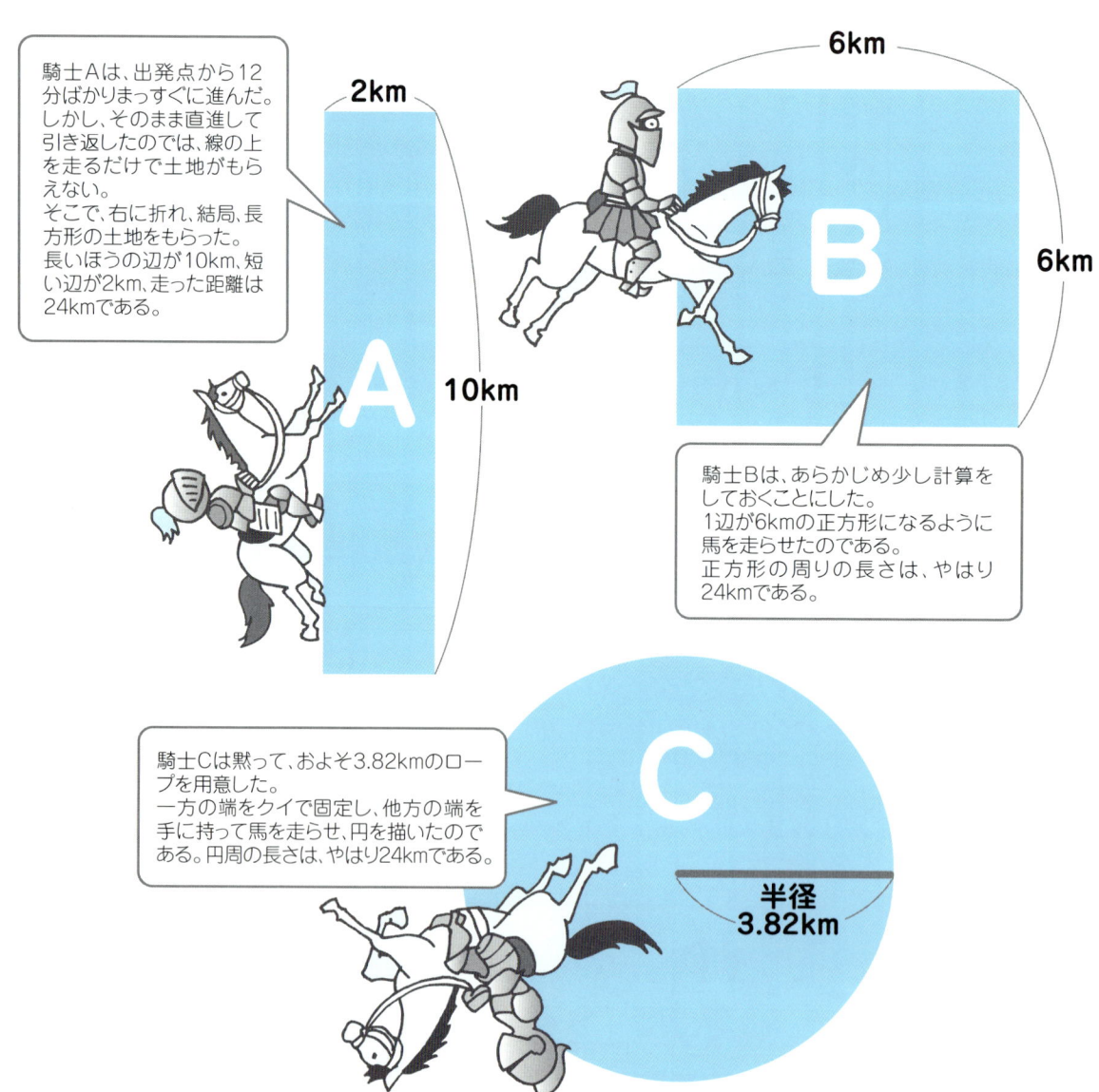

騎士Aは、出発点から12分ばかりまっすぐに進んだ。しかし、そのまま直進して引き返したのでは、線の上を走るだけで土地がもらえない。
そこで、右に折れ、結局、長方形の土地をもらった。長いほうの辺が10km、短い辺が2km、走った距離は24kmである。

騎士Bは、あらかじめ少し計算をしておくことにした。
1辺が6kmの正方形になるように馬を走らせたのである。
正方形の周りの長さは、やはり24kmである。

騎士Cは黙って、およそ3.82kmのロープを用意した。
一方の端をクイで固定し、他方の端を手に持って馬を走らせ、円を描いたのである。円周の長さは、やはり24kmである。

半径 3.82km

もらう方法

◎ 外周が同じなら円の面積が大きい

◎ 円周の式から半径を求める

その結末は？

どの馬も30分間に走ることができる距離は24km（0.8×30）だから、どう走らせるかでもらえる土地の形や広さが決まる。正方形や長方形の面積は、タテの長さとヨコの長さを掛けて求める。騎士Aがもらった土地は、10×2=20（k㎡）。騎士Bの土地は、6×6=36（k㎡）。

周囲の長さが同じでも、面積は16k㎡も差が出る。だが、そのくらいで驚いてはいけない。騎士Cの土地は、それよりもさらに広い。

半径がγの円の面積は、$\pi\gamma^2$である。騎士Cの土地は、半径が3.82kmの円形になる。πの値を3.14として計算すると、約46k㎡の広さになる。

周囲の長さが同じであれば、円の面積が一番大きくなる。けれども、それを知っていただけでは、騎士Cは馬をうまく走らせられなかった。

知っていることを実際に活かすには、やはり計算術の手助けを必要とする。騎士Cは、$2\pi\gamma=24$という式から、単純な割り算によって素早く半径を求められたから、トクすることができたのである。

正方形・長方形の面積 = タテ × ヨコ

- 騎士Aの土地の面積　**10×2=20**（k㎡）
- 騎士Bの土地の面積　**6×6=36**（k㎡）

円の面積 = $\pi\gamma^2$（γ＝半径）

騎士Cの土地の面積　**3.14×3.82² ≒ 45.8**（k㎡）

つまり

A ＜ B ＜ C

騎士Cが機転をきかせたポイント

$$2\pi\gamma = 24$$

円周の長さ

$$\gamma = \frac{24}{2\pi} = \frac{12}{3.14} \fallingdotseq 3.82$$

これを求めたところに騎士Cの勝算があった！

Prologue ソンしないための計算術

一見、もうかる話

> 売れる桃太郎人形だけをつくって
> 赤字の金太郎人形はつくらない?

青木さんの会社では、2種類の人形をつくって販売している。金太郎人形(販売価格・1個1万8000円)と、桃太郎人形(販売価格・1個1万5000円)を毎日1個ずつつくっている。

1日の作業時間は8時間で、どちらの人形をつくるのにも1個あたり4時間かかるという。そこで、1日あたりの直接工賃1万2000円は、それぞれの人形に6000円ずつ割りかけている。

また、1日あたりの間接経費1万3440円は、直接費の額を基準にして案分している。直接費というのは、青木さんの会社の場合には、材料費と直接工賃の合計額のことである。

以上の結果をまとめると、人形1個あたりの利益は下表のようになる。

これを見て、「赤字の金太郎人形をつくるのをやめて、桃太郎人形を売ったほうがもうかるのではないか」と、青木さんは考えた。

人形1個あたりの利益

	金太郎人形	桃太郎人形
販売価格	18000円	15000円
材料費	4700	2500
直接工賃 (12000)	6000	6000
間接経費 (13440)	7490	5950
	$\left(13440 \times \dfrac{10700}{10700+8500}\right)$	$\left(13440 \times \dfrac{8500}{10700+8500}\right)$
利益	−190円	550円

4700+6000   2500+6000

1日あたりの利益 = 550 − 190 = 360(円)

の落とし穴

◎数字の比較は慎重に

その結末は❓

ところが、実際に考えを実行すると、会社の利益は減って、マイナスになってしまった。金太郎人形もつくっていたときには利益が出ていたのに……。

青木さんのミスは、数字を比較する際の土台を同じにして考えなかったことにある。

金太郎人形は販売価格1個・1万8000円、材料費・4700円、桃太郎人形は販売価格1個・1万5000円、材料費・2500円で、それぞれ販売価格と材料費の差額は1万3300（18,000－4,700）円と、1万2500（15,000－2,500）円になる。

このケースの場合、直接工賃（12,000円）と間接経費（13,440円）は、どのように割り振りをしようと総額では変わらないから、販売価格と材料費の差額の大きいものをつくったほうが利益は大きくなる。

桃太郎人形だけを2個つくった場合

売上高	30000円
材料費	5000
直接工賃	12000
間接経費	13440
利益	－440円

金太郎人形だけを2個つくった場合

売上高	36000円
材料費	9400
直接工賃	12000
間接経費	13440
利益	1160円

なるほど
コラム 1

＋−×÷＝の記号は
いつごろから使われ始めたか

　計算には、「＋−×÷」などの記号を使う。これらの計算記号は、いつごろから使われだしたのだろうか？

　「＋」と「−」の記号は、ドイツのヨハネス・ウッドマンという人が1489年に書いた本の中で最初に用いた。もっとも、この本では計算記号としてではなく、「＋」は超過を表わし、「−」は不足を表わすものとして使われた。

　「＋」が「足す」の意味で使われるようになったのは、ラテン語の「et」の走り書きからだという。

　「×」の記号が最初に用いられたのは、1631年にイギリスのウィリアム・オートレットが著した『数学の鍵』という本だ。

　ドイツのライプニッツは、「×」はアルファベットのXと混同しやすいから好ましくないという理由で、「・」を使って掛け算を表わしたが、この方法は現在でも使われている。

　割り算に「÷」の記号を初めて使ったのは、スイスのヨハン・ハインリッヒ・ラーンの代数の本で、1659年のことであるといわれる。「÷」の記号は、16世紀のドイツでは引き算の記号として使われていた。こんなところからも、引き算と割り算との関係の深さが読み取れるかもしれない。

　等号「＝」が登場したのは1557年。イギリスのロバート・レコードの『知恵の砥石』という本で使われた。2本の平行線ほど等しいものはないと考えて、レコードは「＝」を等号に使った、とモノの本には解説されている。

Part 1

マジカル足し算・引き算のコツをつかむ

ウォーミングアップスタート

本パートのLet's Challenge問題の制限時間は、それぞれ目安として掲げたものです。

Part 1 ＋－ マジカル足し算・引き算のコツをつかむ

1 たくさんの数字を素早く足すには？

ポイント!! 数字を順番に足す必要はない

「この1週間の良子さんの昼食代は、月曜日630円、以下土曜日まで順に、460円、620円、580円、550円、710円だった。さて、昼食代の合計は？」

6つの数字の足し算である。計算を苦手としている人ほど、機械的に最初から順番に足していこうとする。もちろん、それでも計算はできるが、足し算は出てきた順に数字を足していく必要はない。工夫によって間違いなく、しかもラクに計算することができる。

だれにでもできる便利な方法は、それぞれのケタごとに、合わせて10になる組み合わせを見つけて、これを消していくやり方。

良子さんの計算式を見てみよう。十の位では、水曜日の20円の2と木曜日の80円の8とを加えれば10になる。また、月曜日の3と火曜日の6と土曜日の1を足すと10になる。残るのは金曜日の50円で、結局、十の位の合計が250円になることが簡単に計算できる。同様に百の位も考える。

マジカル！テクニック 足して10になる組み合わせを見つける

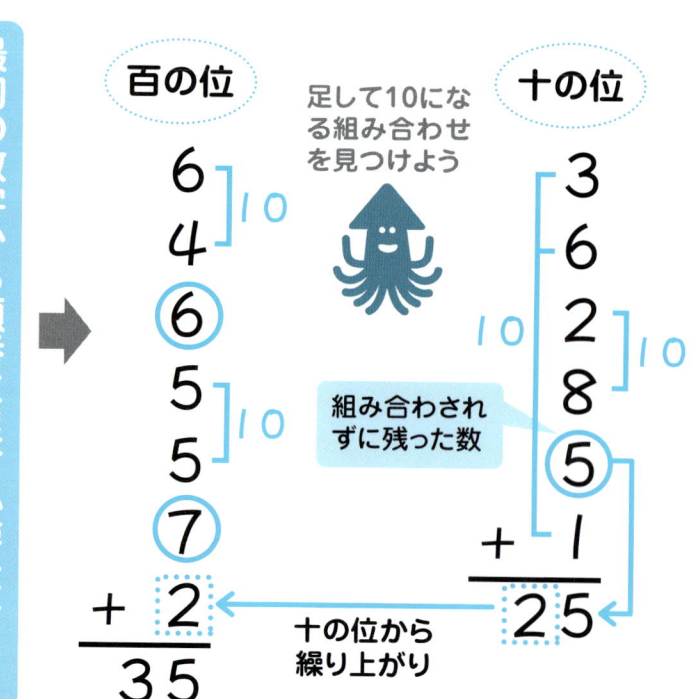

14

Let's Challenge

8分でできれば 凡人 | 4分でできれば 秀才 | 2分でできれば 達人

① 3
　 5
　 2
　 7
　+5

② 4
　 3
　 1
　 8
　 7
　 1
　+6

③ 5
　 8
　 4
　 4
　 1
　 6
　+1

④ 　34
　　78
　　92
　　15
　 +31

⑤ 　55
　　62
　　83
　　18
　 +47

⑥ 　 43
　　 81
　　 67
　　836
　 +159

⑦ 　419
　　453
　　971
　　883
　 +244

⑧ 　496
　　203
　　734
　　612
　　155
　 +338

⑨ 　 165
　　 394
　　 123
　　3836
　　2911
　 +7545

①22 ②30 ③29 ④250 ⑤265 ⑥1186 ⑦2970 ⑧2538 ⑨14974

Part 1 ＋－ マジカル足し算・引き算のコツをつかむ

2 上位のケタから足していく

ポイント!!
- 慣れると計算が速くなる
- 繰り上がりを判断するだけ

たいていの人は、足し算は小さいほうのケタから足していくようだ。繰り上がりがあると、下のほうのケタの計算が上位のケタの計算に影響を及ぼすためである。

しかし、慣れさえすれば、足し算は頭から足していくほうが計算が速い。とくに、2口の足し算（足す数が2つ）は、上位のケタから計算をするとよい。

たとえば①の例では、最初にいちばん上位の百のケタの1と3を足す。そして、次の十の位から繰り上がりがあるかどうかを見る。繰り上がりがなければ、4をそのまま答えの欄に書く。

次に、十の位の5と3を足し、一の位から繰り上

マジカル！テクニック　足し算は上位のケタから足していく

① 2口の足し算

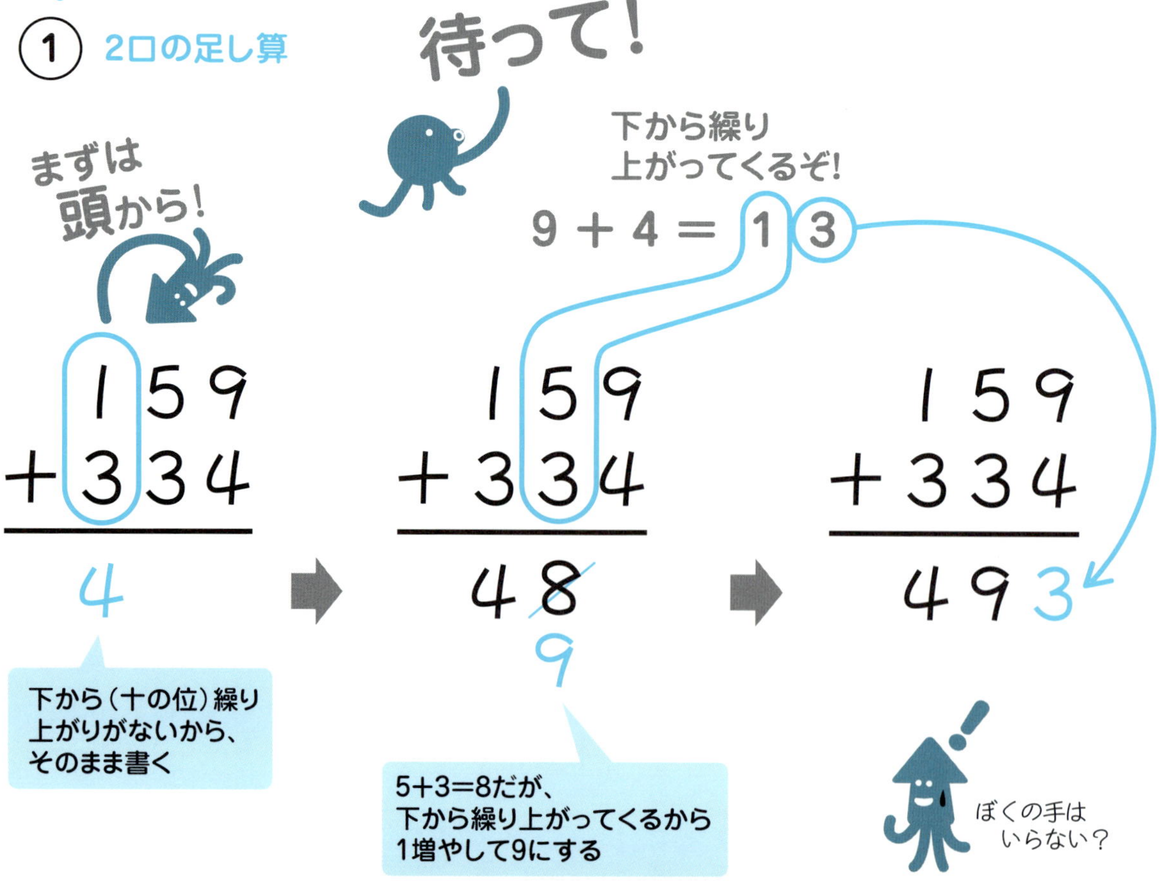

まずは頭から！

待って！

下から繰り上がってくるぞ！

9 ＋ 4 ＝ 13

```
  159          159          159
+ 334        + 334        + 334
─────        ─────        ─────
  4           48           493
               9
```

下から（十の位）繰り上がりがないから、そのまま書く

5＋3＝8だが、下から繰り上がってくるから1増やして9にする

ぼくの手はいらない？

がりがあるかどうかを見る。この例のように、繰り上がりが下位のケタで生じるなら、その分だけ増やした9を答えにする。

②も同じ考えでいける。まず百の位を足した17のうち、十の位の1を千の位に書く。残った7を70として、十の位の数を足していく。

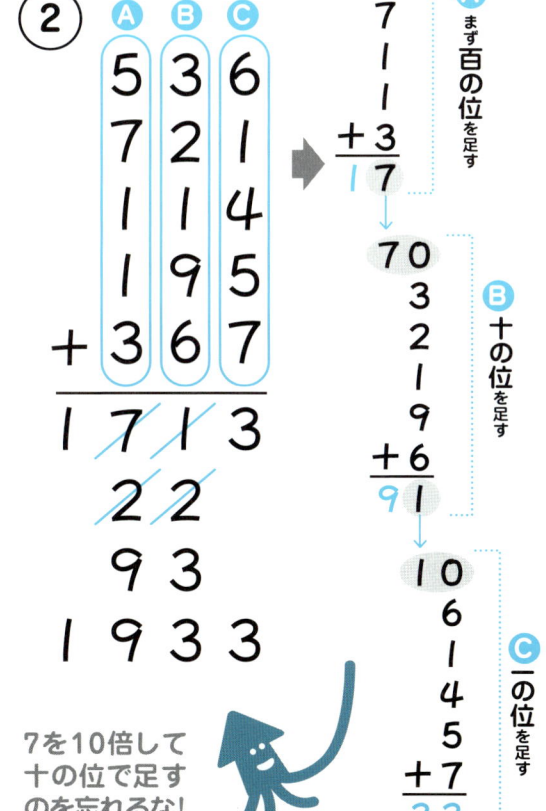

7を10倍して十の位で足すのを忘れるな!

Let's Challenge

5分でできれば	3分でできれば	1分でできれば
凡人	秀才	達人

① 345
　+214

② 284
　+159

③ 456
　 329
　 914
　 642
　+770

④ 941
　 653
　 327
　 246
　+232

⑤ 532
　 281
　 745
　 539
　+808

⑥ 8332
　 4147
　 2069
　 9713
　 6986
　+5352

解答 ①559 ②443 ③3111 ④2399 ⑤2905 ⑥36599

Part 1 ＋－ マジカル足し算・引き算のコツをつかむ

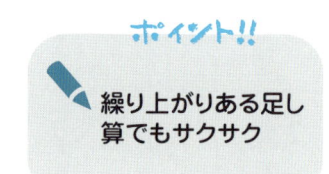

3 補数を使うと計算がラクに

ポイント!! 繰り上がりある足し算でもサクサク

　ある数に足すと、10とか100とかキリのいい数字になる数のことを、もとの数の「補数」と呼ぶ。たとえば、9に1を足すと10になるが、この場合、「9の補数は1である」という。

　さて、たとえば46＋88の計算で、まっ正直に足し算をしようとすると、2度も繰り上がるので面倒である。この場合に補数が使える。88の補数は12だから、88を足すかわりに100を足して12を引くのである。146－12なら暗算もラクだろう。

　厳密にいうと、補数とは、10とか100とか、10の何乗かの区切りのよい数からもとの数を引いたものである。しかし、この考え方を応用すると計算がラクになる。たとえば、足して何十になる数とか、足して何百になる数といったものも、同じように計算をラクにしてくれる。これらも含めて、本書では「裏数」と呼ぶことにしよう。

マジカル！テクニック　補数・裏数を頭に思い浮かべる

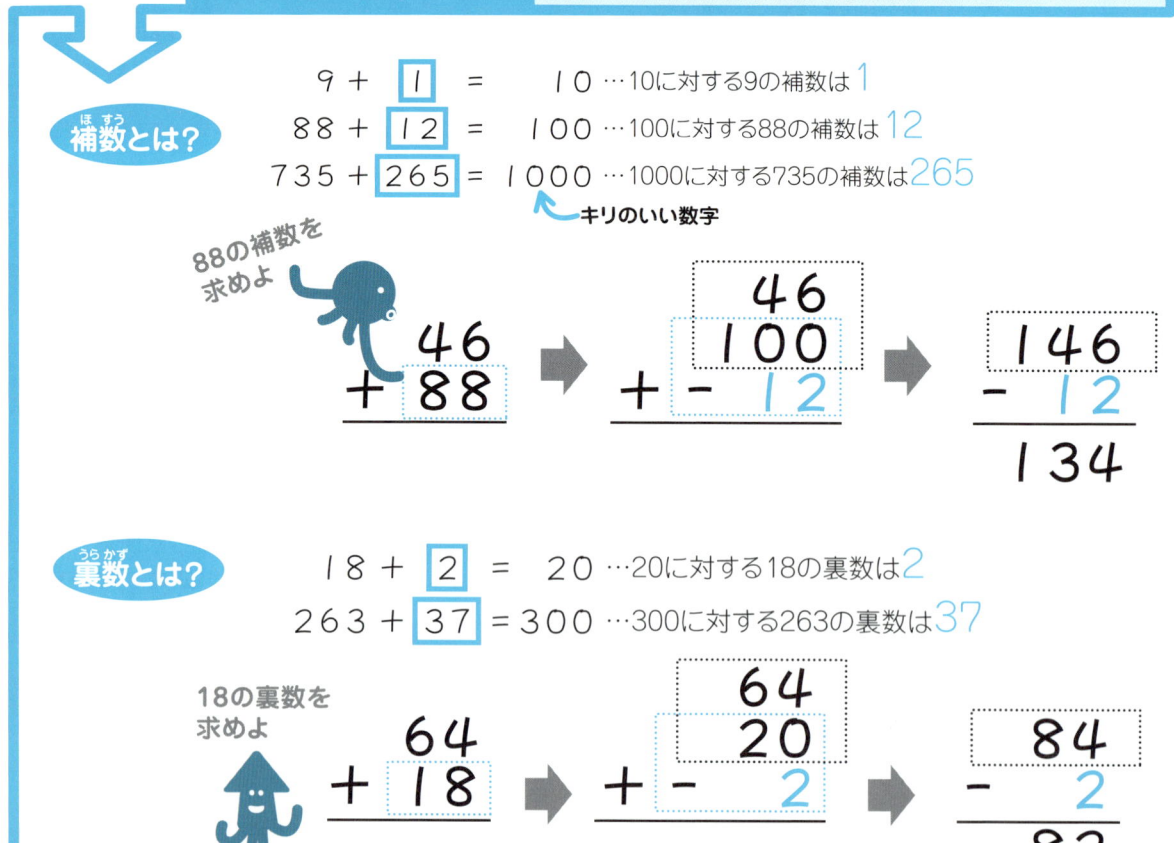

補数とは？

9 ＋ 1 = 10　…10に対する9の補数は1
88 ＋ 12 = 100　…100に対する88の補数は12
735 ＋ 265 = 1000　…1000に対する735の補数は265
　　　　　　↑キリのいい数字

88の補数を求めよ

```
  46            46            146
+ 88    →  + - 100   →   -  12
              12          ─────
                            134
```

裏数とは？

18 ＋ 2 = 20　…20に対する18の裏数は2
263 ＋ 37 = 300　…300に対する263の裏数は37

18の裏数を求めよ

```
  64            64            84
+ 18    →  + - 20    →   -  2
              2           ─────
                            82
```

Let's Challenge

8分でできれば  凡人　4分でできれば  秀才　2分でできれば  達人

① 　38
　+92
―――

② 　57
　+86
―――

③ 　93
　+79
―――

④ 　83
　+79
―――

⑤ 　68
　+56
―――

⑥ 　739
　+95
―――

⑦ 　546
　+87
―――

⑧ 　495
　+996
―――

⑨ 　836
　+945
―――

⑩ 　589
　+476
―――

⑪ 　8697
　+9849
―――

⑫ 　9346
　+3958
―――

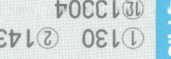

①130 ②143 ③172 ④162 ⑤124 ⑥834 ⑦633 ⑧1491 ⑨1781 ⑩1065 ⑪18546 ⑫13304

Part 1 ＋－ マジカル足し算・引き算のコツをつかむ

4 2ケタの足し算を1ケタに変える

ポイント!! 同じ数字、近い数字を探すだけ

　足し算の中に同じ値がいくつもあるときは、まず、その数字がいくつあるか数える。そのときに、数字にチェックマークなど目じるしをつけておけば、ミスが防げるだろう。

　たとえば、下の例題①では、6が7つある。そこで、先に6×7＝42の計算をしておき、それに6以外の数を足していくわけである。

　また、似通った数字が並んでいるときには、平均値に近いと思う数を計算の基点に選ぶとよい。たとえば例題②では、どの数もだいたい40に近いことに目をつけて、とりあえず40を基点に選ぶ。そして、40が9個あるから360と計算しておく。

マジカル! テクニック　同じ数字がいくつもあるとき、近い数字の足し算

①同じ数字がいくつもある足し算

②近い数字が

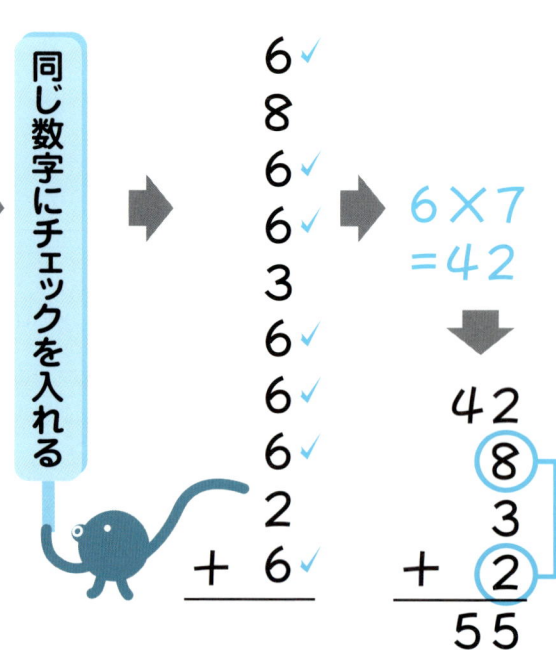
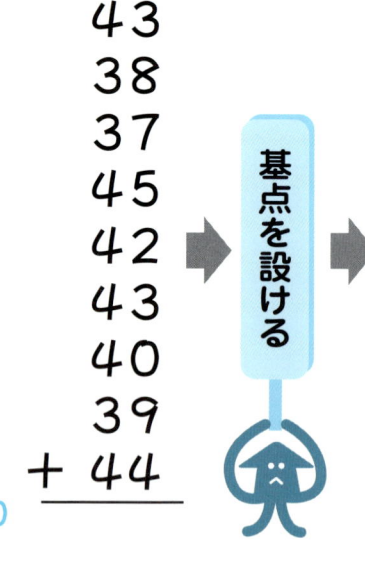

20

次に、それぞれの数字と基点の40との差を求め、差の数値には＋－の記号をつけておく。

差を合計すると11になる。そこで、もとの数の合計は360＋11＝371と計算するのである。

基点にする数をうまく選べば、もとの数が2ケタ以上の数字でも、足し算は1ケタですんでしまう。

に効果大!

たくさんある足し算

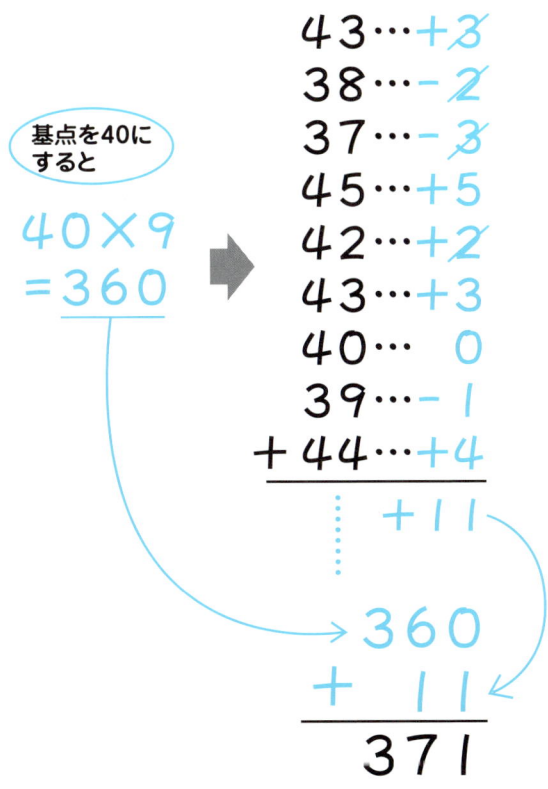

Let's Challenge

8分でできれば	4分でできれば	2分でできれば
凡人	秀才	達人

① 　4
　　 5
　　 3
　　 5
　　 5
　　 2
　　 5
　＋5

② 　7
　　 7
　　 6
　　 7
　　 8
　　 7
　　 7
　　 2
　　 7
　＋5

③ 　63
　　 62
　　 59
　　 60
　　 58
　　 61
　　 56
　＋64

④ 　75
　　 68
　　 70
　　 73
　　 69
　　 68
　　 73
　＋71

⑤ 　392
　　 403
　　 399
　　 389
　　 402
　　 395
　　 400
　＋388

解答 ①34 ②63 ③483 ④567 ⑤3168

Part 1 ➕➖ マジカル足し算・引き算のコツをつかむ

5 足し算の検算が簡単にできる

- 同じ足し算をもう1度しなくてすむ
- 手間がかかる引き算の検算も必要なし

　計算が正しいかどうかを確かめるのに、同じ計算をもう1度やるのも1つの手ではある。だが人それぞれ計算法にはクセがあり、同じ箇所を2度間違うことも多いので、おすすめできる方法ではない。かといって、足し算の検算を引き算で行なうのは、手間がかかって面倒だ。そんなとき、出した答えを簡単に確かめる便利な方法がある。

　ラクに検算をするには、「数字和」を利用する方法がある。ケタ位置とは関係なく、出てくる数字をそのまま足し合わせたものを数字和という。3865の数字和は22、22の数字和は4、というふうにして、検算に利用する場合には、1ケタの数に

マジカル！テクニック 「足す数の数字和の合計＝答えの数字和」であ

数字和とは？

それぞれのケタを足す

3865 → 3＋8＋6＋5＝ 22 　　　22 → 2＋2＝ 4

3865の数字和は22　　　　　22の数字和は4

検算に使うには数字和が1ケタになるまで求める

```
  12050 … 1＋2＋0＋5＋0＝ 8
   9625 … 9＋6＋2＋5＝22 ……… 2＋2＝ 4     Ⓐ
  33480 … 3＋3＋4＋8＋0＝18 … 1＋8＝ 9
＋ 27882 … 2＋7＋8＋8＋2＝27 … 2＋7＝ 9
  82037   8＋2＋0＋3＋7＝20 … 2＋0＝ 2    Ⓑ
```

あれ？合わない…

Ⓐ 8＋4＋9＋9＝30 … 3＋0＝3　　Ⓐ ≠ Ⓑ ➡ つまり、82037は間違っている！！

正しくは、83037…8＋3＋0＋3＋7＝21…2＋1＝ 3　Ⓐ'　Ⓐ'＝Ⓑより、計算はおおむね正しいと考えてよい

見直す時間が短縮できる!

なるまで数字和を求める。
　足す数の数字和の合計Aと、答えの数字和Bとが一致しなければ、その計算はどこかが間違っている。ただし、例題の答えを「83073」と書き間違えた場合など、数字和が一致しても答えが100%合っているかはわからない点に注意。

ればその計算はおおむね正しい

なぜ数字和で検算ができるのか

ある数を9で割った余りは、その数の各ケタの数字を合計した数（数字和）を9で割った余りに等しい

[証明]
4ケタの数は $1000a+100b+10c+d$ と表わせる

$1000a = 999a + a$
$100b = 99b + b$
$10c = 9c + c$

$(1000a+100b+10c+d) \div 9$
$= ((999a+99b+9c)+(a+b+c+d)) \div 9$

9で割り切れる　　数字和

9の倍数＋9の倍数＝9の倍数

したがって
$(9 \times a + x)$
$+ (9 \times b + y)$
―――――――――
$9 \times (a+b) + (x+y)$

余りの合計は答えの余りと一致する

Let's Challenge

8分でできれば 凡人　4分でできれば 秀才　1分でできれば 達人

足し算の答えが正しければ○、間違っていれば×をつけなさい。

① 　４３５
　　　２９６
　＋　３０８
　―――――
　　１０３９

② 　６２５４
　　　　５９２
　　　１００８
　＋　　３４２
　―――――
　　　８１９６

③ 　４３５２
　　　５２０９
　　　３８８２
　＋　８６７５
　―――――
　　２２１０８

④ 　　４９３７
　　　５０８２９
　　　　３６８５
　＋　８２７４２
　―――――
　　１４２２９３

Part 1 ➕➖ マジカル足し算・引き算のコツをつかむ

6 裏数の威力は引き算で効果倍増！

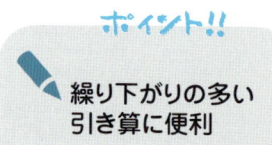

ポイント!!
繰り下がりの多い引き算に便利

　足し算での仕方の工夫は、引き算にも応用できる。とくに、裏数（18ページ参照）を利用する方法は、引き算で使うと便利さがパワーアップする。

　ここで問題。ある肉屋が、毎月29日を肉の日と決めて、一定額以上の買い物をすると、298円値引きしてくれるという。この日に2190円の肉を買うと、値引き後の金額はいくらになるか。

　このような繰り下がりの多い引き算のときには、裏数を使えば簡単である。

　1000に対する298の補数は702である。この702を引かれる数に加える。そうすると、合計は2892。補数をとるときにもとにした1000をここから引けば、正解が求められる。補数をとるとき、もとにする数はキリのいい数字だから、引き算をするのもむずかしくない。

　応用編として、代金の100円の位が3以上の場合なら、1000に対する補数を使うのではなく、300に対する裏数を使うともっとラクになる。

マジカル! テクニック 補数・裏数を利用すれば引き算が簡単に

補数を利用

$$2190 - 298$$

うーん
繰り下がりが多いなぁ

298の補数は
$$1000 - 298 = 702$$
$$-298 = 702 - 1000$$

$$2190 + 702 - 1000 = 1892$$

裏数を利用

$$2430 - 298$$

300に対する298の裏数は
$$300 - 298 = 2$$
$$-298 = 2 - 300$$

$$2430 + 2 - 300 = 2132$$

あわてて計算するな！
簡単な補数か裏数を考えよう

Let's Challenge

8分でできれば 凡人　**4分でできれば** 秀才　**2分でできれば** 達人

① 　3 2 2
　－　9 8

② 　4 1 6
　－　8 8

③ 　6 1 4
　－3 7 8

④ 　5 4 4
　－2 8 6

⑤ 　2 3 5 1
　－　9 8 6

⑥ 　3 7 0 2
　－　8 7 5

⑦ 　4 0 2 1
　－2 8 8 3

⑧ 　7 5 4 1
　－4 7 9 8

⑨ 　3 2 1 0 5
　－　9 8 1 6

⑩ 　5 3 3 2 4
　－　6 9 8 7

⑪ 　1 0 2 2 5
　－　3 8 8 7

⑫ 　8 0 2 1 6 3
　－　9 8 7 6 5

解答　①224 ②328 ③236 ④258 ⑤1365 ⑥2827 ⑦1138 ⑧2743 ⑨22289 ⑩46337 ⑪6338 ⑫703398

25

Part 1 ＋－ マジカル足し算・引き算のコツをつかむ

2口の引き算は頭から計算する

ポイント!!
おおよその答えがすぐいえる

　2口の引き算も足し算と同様に、頭のほうから計算するとよい。とくに、例題①のように繰り下がりのない引き算なら計算も面倒ではない。

　この計算術の利点は、適当な時点で計算をストップできることである。上から3ケタまで計算が終わったとき、誰かに答えを聞かれたとしよう。「だいたい2140万です」と答えればよいのだ。

　例題②の引き算では、繰り下がりが出てくる。だが、次のケタに貸さなければならないかどうかは、パッと見てわかるはず。千の位の4から1を引く。そして、次の百の位への繰り下がりが必要かどうかを見る。繰り下がりがあるので、3から1を引いた2を答えの欄に書く。百の位はふつうに11から3を引く。十の位を見ると繰り下がりがないので、8を答えにする。

　下のケタで引く数のほうが大きかったら、1だけ減らすという点に注意しさえすれば、慣れると頭からの引き算は意外と便利なのだ。

マジカル! テクニック　2口の引き算は繰り下がりに注意して頭から

途中でストップしてもOK

① 　53822649
　－32401323
　――――――――
　　214

答えは？ 　だいたい2140万

上位のケタから引いていく

② 　4126
　－1312
　――――
　　3
　　2　…百の位で繰り下がりがあるので1を引く
　　　8　…11-3の計算をする
　　　　1
　　　　4
　2814

③ 　312
　－115
　―――
　　2
　　1　…2つ下のケタを見て、繰り下がりがあるので1を引く
　　0　…11-1の計算をする
　　9　…繰り下がりがあるので1を引く
　　7　…12-5の計算をする
　　197

頭からいただきま～す

Let's Challenge

8分でできれば 凡人　4分でできれば 秀才　2分でできれば 達人

① 　413
　−202

② 　238
　−180

③ 　651
　−355

④ 　542
　−156

⑤ 　3256
　−1445

⑥ 　8054
　−　982

⑦ 　3234
　−1856

⑧ 　9004
　−7356

⑨ 　2941
　−1982

⑩ 　3381
　−1543

⑪ 　43052
　−38121

⑫ 　421052
　−284164

Part 1 ➕➖ マジカル足し算・引き算のコツをつかむ

足し算と引き算を分けて考える

ポイント!!
ややこしい引き算の回数が減る

　引き算の場合でも、例題①のように、何回も数を引くケースがある。また、例題②のように、足し算と引き算とが混ざっている計算もある。

　「順序を乱すのは好ましくない」といった、しゃくし定規な律義さで、頭から1つずつ計算していくのでは要領が悪い。

　こうした計算をひっ算でこなすための1つの方法は、足し算と引き算とを分けて、それぞれをまとめてやることだ。

　会社の簿記会計で使われる方法の応用バージョンといってもよい。このやり方をとれば、ややこしい引き算の回数を減らすことができる。

　①の引き算の場合には、2番目以下の引く数をすべて合計する。そして、その合計を最初の数から差し引く。

　②の場合も、足す数と引く数を別々に合計してから引き算をする。こうすると、どちらも簡単な2口の数の引き算になる。

マジカル! テクニック　足し算は足し算、引き算は引き算でまとめる

① 何度も引き算をする場合

```
  849
-  183
-  265
-  182
-  117
```

まとめられるものはまとめてしまえ

引き算をまとめる

```
   183
   265
   182
+  117
   747
```

```
  849
- 747
  102
```

② 足し算と引き算の混ざった場合

```
   320
 - 165
   211
   153
 - 418
```

足し算をまとめる

```
   320
   211
+  153
   684
```

引き算をまとめる

```
   165
+  418
   583
```

5口の計算が2口の引き算になったよ

```
   684
 - 583
   101
```

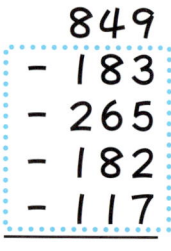
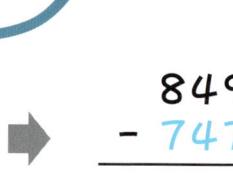
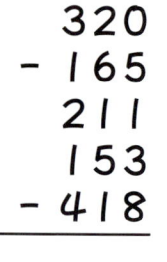

28

Let's Challenge

10分でできれば 凡人 | **6分でできれば 秀才** | **3分でできれば 達人**

① 　923
　－253
　－137
　─────

② 　545
　－294
　－116
　─────

③ 　838
　－324
　－457
　─────

④ 　892
　－304
　－183
　－211
　─────

⑤ 　708
　－230
　－153
　－299
　─────

⑥ 　624
　－385
　　236
　－415
　─────

⑦ 　315
　－133
　　624
　　196
　－572
　─────

⑧ 　433
　　251
　－385
　－424
　　267
　─────

⑨ 　254
　－316
　　253
　－134
　　116
　─────

⑩ 　515
　－326
　　437
　　293
　－742
　─────

⑪ 　4522
　－1886
　－2043
　──────

⑫ 　4422
　－1388
　　2138
　－3612
　　1275
　──────

解答 ①533 ②135 ③57 ④194 ⑤26 ⑥60 ⑦430 ⑧142 ⑨173 ⑩177 ⑪593 ⑫2835

29

9

Part 1 ➕➖ マジカル足し算・引き算のコツをつかむ

引き算を足し算に置きかえる

> **ポイント!!**
> 足し算だけになり最後は暗算でOK

　前項のような複雑な計算に使うと便利な、もう1つの計算方法がある。それは補数を利用して、引き算を足し算に置きかえる方法である。下の計算を見てみよう。

　Aが、もともとの計算である。ちょっと見では、一筋縄ではいきそうもない。そこで、Bの例のように、計算の中に出てくる引く数をすべて補数に直す。

　たとえば、100に対する69の補数は31。Bで、31の横に書いてある－100は、100に対する補数をとったことを表わす。つまり、69を引くかわりに、補数の31を足してから100を引くという意味である。

　同じように最後の行は、42を引くかわりに58を足して100を引く。合計が求まったら、そこから200を差し引く。これが答えとなる。

　計算方法が理解できたら、－100というメモ書きは省略して、頭の中で覚えておく。Cのように計算できるようになればOKだ。

マジカル! テクニック　引く数の補数を求めると足し算になる

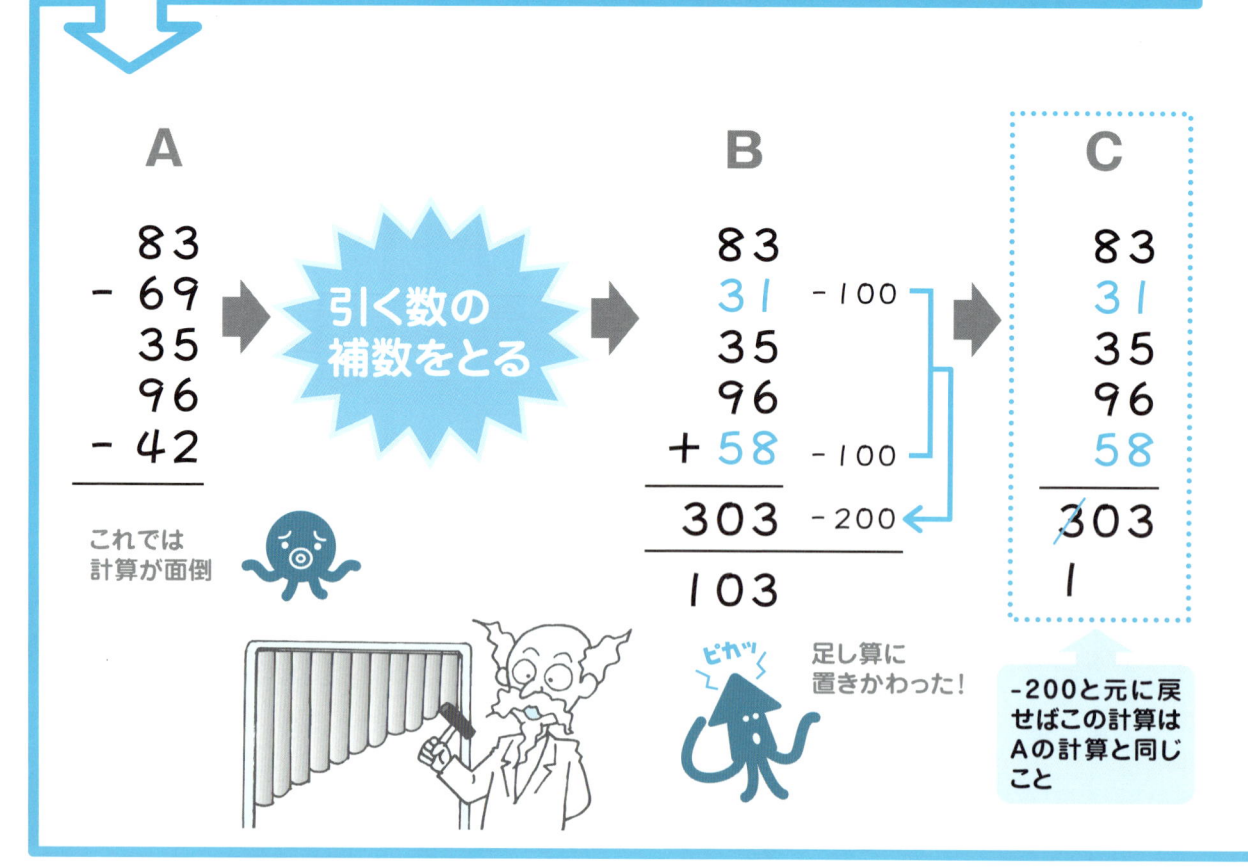

A	B	C
83	83	83
－69	31　－100	31
35	35	35
96	96	96
－42	＋58　－100	58
	303　－200	303
	103	1

引く数の補数をとる

これでは計算が面倒

足し算に置きかわった！

－200と元に戻せばこの計算はAの計算と同じこと

Let's Challenge

10分でできれば  凡人　6分でできれば  秀才　3分でできれば  達人

① 　49
　 −62
　　93
　 −76

② 　88
　 −73
　　56
　 −49

③ 　62
　 −87
　　34
　 −46
　　59

④ 　28
　 −82
　 −37
　　46
　　77

⑤ 　59
　 −23
　 −47
　　31
　　65

⑥ 　77
　 −38
　　54
　 −84
　　93

⑦ 　31
　 −42
　 −16
　　89
　 −24

⑧ 　44
　 −36
　 −19
　 −51
　　93

⑨ 　36
　 −28
　　44
　 −52
　　63
　 −37

⑩ 　81
　 −52
　 −28
　 −41
　　33
　　19

⑪ 　24
　 −35
　　47
　 −59
　 −41
　　73

⑫ 　92
　 −18
　 −33
　　25
　 −46
　　63
　 −54

答え　①4 ②22 ③22 ④32 ⑤85 ⑥102 ⑦38 ⑧31 ⑨26 ⑩12 ⑪9 ⑫29

Part 1 ＋－ マジカル足し算・引き算のコツをつかむ

ケタがまちまちな引き算でも簡単

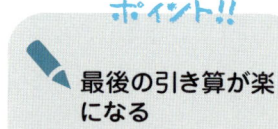

ポイント!!
最後の引き算が楽になる

下の例題①と②は、28ページでやったのと同じ計算である。さて、足し算に置きかえて、スラスラと計算できるだろうか。

補数を使うと、足す数と引く数とを分ける手間が省けるし、最後の引き算がずっとラクになる。この計算方法の2つの利点がわかるだろう。

もう1つ、③の計算を見てみよう。

この例では、引く数のケタ数がまちまちである。こういう場合は、引く数のうちで最も大きな数の補数を設定するのがワザだ。引く数でいちばん大きいのは、48208である。そこで10万に対する補数をとり、その他の数についても10万に対する補数をとるようにするのだ。

通常、785や232のような3ケタの数の補数は、1000に対するものを考える。そうしないで、例題③のようにわざわざ10万に対する補数にすべてそろえるのは、最後の引き算をやりやすくするためである。

マジカル！テクニック 引く数の最も大きい数に合わせて補数をとる

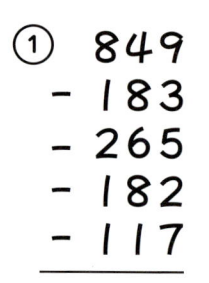

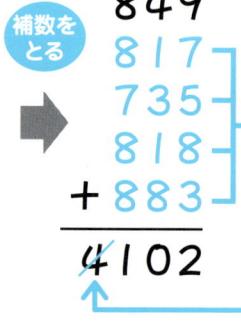

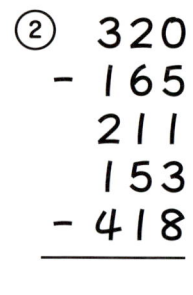

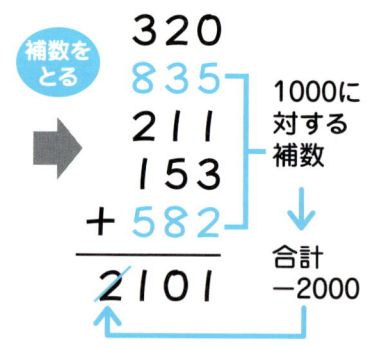

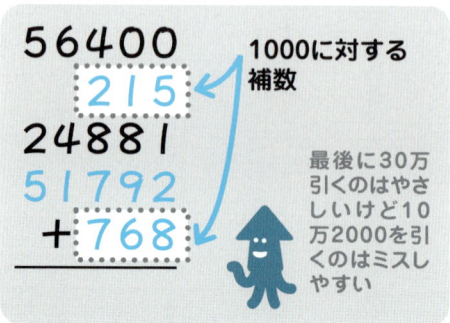

Let's Challenge

10分でできれば 凡人　6分でできれば 秀才　3分でできれば 達人

① 　５４２
　－２８６
　　１２８
　－３１４
　―――――

② 　３８６
　－２１８
　－４２６
　　５３３
　―――――

③ 　７４４
　－１８５
　－２１１
　－２０９
　―――――

④ 　６０５
　　４２９
　－２８５
　－５７３
　―――――

⑤ 　９６４
　－２１３
　－１２１
　－２０５
　－１８１
　―――――

⑥ 　８１１
　－５４３
　　２３５
　－４４１
　　３８９
　―――――

⑦ 　３３２
　－４３５
　　２９９
　－３８３
　　７１５
　―――――

⑧ 　６４５
　－１８６
　　２５３
　－　９２
　―――――

⑨ 　３８１３
　－　５９
　－　２３５
　－１６１１
　―――――

⑩ 　６２５３
　－　３８８
　－　　７
　－３５２３
　―――――

⑪ 　８２３５２
　－　５８４８
　－　　２９３
　－６１５６７
　―――――

⑫ 　４００５２
　－　　９８
　－　３５５
　－２５１６２
　－　１２３６
　―――――

解答　①70　②275　③139　④176　⑤244　⑥451　⑦528　⑧620　⑨1908　⑩2335　⑪14644　⑫13201

Part 1 ➕➖ マジカル足し算・引き算のコツをつかむ

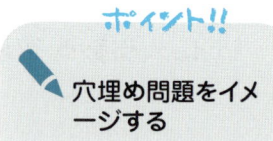

11 パズル感覚で補数・裏数を求める

ポイント!! 穴埋め問題をイメージする

補数や裏数の実際の求め方について、ここで確認しておこう。

1000に対する785の補数は215。300に対する263の裏数は37。この計算をいちいち引き算でしていたのでは、補数や裏数が泣く。補数や裏数は、もとの数を見てパッと出したい。

たとえば、1000に対する785の補数を計算する考え方を見てみよう。まず、頭の中の操作が下の①。こんな穴埋め問題を考えて、上位のケタから順に？を埋めていく。この場合、いちばん下のケタで繰り上がりが出るのは明らかだから、途中のケタは、すべて上に書いてある数字と足し合わせたときに9になる数を求める。そして最後のケタだけ、上の数字と足して10になる数を入れる。

裏数を求める②の操作も、ほとんど同じである。ちょっと注意を要するのは、③のように、下のほうの何ケタかがゼロのとき。最後の有効数字のところで10にするのを忘れてはいけない。

マジカル！テクニック　穴埋めの要領で補数・裏数を簡単に求める

785の補数を求めよ というとき、

$$1000 - 785 = 215$$

と、引き算でやるようでは補数が泣くというもの。そこで、**脳内穴埋め操作**だ！

①
```
   785
 +???
 ─────
  1000
```
- 7に足して9になるのは**2**（下から1が繰り上がってくる）
- 8に足して9になるのは**1**
- 5に足して10になるのは**5**

→ 補数は **215**

②
```
   562                   562
 + ??         ➡        + 38    …600に対する562の裏数は 38
 ─────                 ─────
   600                   600
```

③
```
   68300                 68300
 +?????       ➡        +31700
 ───────               ───────
  100000                100000
```
10万に対する6万8300の補数

ここで10にするのを忘れないこと

Let's Challenge

5分でできれば 凡人 **2分でできれば** 秀才 **1分でできれば** 達人

□に入る数を求めなさい。

① 48 + □□ = 100

② 67 + □□ = 100

③ 73 + □□ = 80

④ 816 + □□□ = 1000

⑤ 439 + □□□ = 1000

⑥ 326 + □□□ = 400

⑦ 237 + □□□ = 300

⑧ 6357 + □□□□ = 10000

⑨ 5629 + □□□□ = 6000

⑩ 8015 + □□□□ = 9000

⑪ 72540 + □□□□□ = 100000

⑫ 34053 + □□□□□ = 40000

12

Part 1 ＋－ マジカル足し算・引き算のコツをつかむ

やっぱり引き算より足し算がラク!

> **ポイント!!**
> 2口の数の引き算ならスラスラ

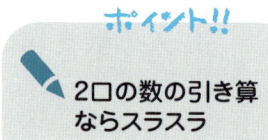

数学パズルに虫食い算というのがある。計算を書いた紙の一部分を虫が食って、数字がわからなくなってしまった。正しい数字を埋めて復元してほしい。そんな設定のパズルである。

前項の補数・裏数の求め方は、虫食い算のいちばん単純な形式と考えることができる。この虫食い算方式は、補数を求めるときだけでなく、2口の数の引き算をラクにしてくれる。

引き算は足し算の変形である。5398－1075という引き算は、虫食い算方式の足し算に置きかえて、頭のほうから計算する。

1には4を加えれば5になる。0には3を足して3。

マジカル! テクニック　引き算を上位のケタから足していく

虫食い算（掛け算の例）

↓
補数・裏数の求め方は虫食い算の単純な形式

この答えは
293
× 128
―――
37504

① 5398
　－1075 →

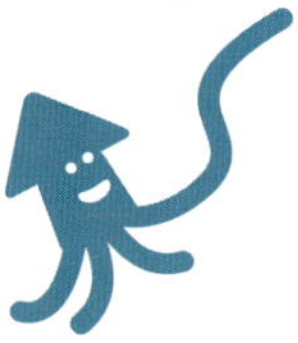

上位のケタから計算する

② 63083
　－17754 →

1＋□＝6で **5** だが繰り上がりがあるので1を引く

Let's Challenge

5分でできれば	2分でできれば	1分でできれば
凡人	秀才	達人

7に2で9。5には3で8。これがスラスラできるようになれば、2口の数の引き算なんてお手のものになる。

慣れてきたら虫食い算に書きかえずに、もとの式を見ながら頭の中で足し算をする。この際、繰り上がりを見落とさないことに注意！

□に入る数を求めなさい。

① 141 + □□□ = 253

② 238 + □□□ = 426

③ 1051 + □□□□ = 4382

④ 3543 + □□□□ = 5092

```
  1 0 7 5
+ ? ? ? ?  …4323
─────────
  5 3 9 8
```

⑤ 60425 + □□□□□ = 83546

⑥ 31756 + □□□□□ = 33645

足す数の7は答えの3より大きい

```
  1 7 7 5 4
+ 4 5 ? ? ?  …45329
──────────
  6 3 0 8 3
```

繰り上がりに注意

⑦ 43581 + □□□□□ = 90025

⑧ 42949 + □□□□□ = 77038

解答　①112 ②188 ③3331 ④1549 ⑤23121 ⑥1889 ⑦46444 ⑧34089

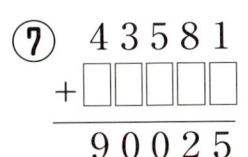

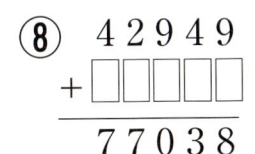

> なるほど
> コラム ②

自宅から学校・会社までの距離を知ってる？

　たいていの人は、自分の通勤・通学時間を知っているだろう。自宅から最寄りの駅まで、歩いて何分、バスで何分、電車に乗って下車駅まで何分、そこから会社・学校まで何分……。

　けれども通勤・通学時間ではなくて、その道のりが距離にしてどれだけかということは、調べている人があまりいないようである。時間と同時に距離のほうも知っておくと、地震など災害時に徒歩で帰宅せざるを得ない場合や、見知らぬところへ出かけたりするときに役に立つ。地図などを見て、おおよその所要時間の見当がつけられるからである。

　大人の足で歩く場合には、だいたい1分間に80mと見ておけばよい。不動産の広告などで「駅から徒歩15分」といった表示がしてあるときは、距離にするとだいたい1200mという意味である。もっとも、長い時間歩くときには、このペースでは無理。少し割り引いて、1分に65〜70mくらいと考えておくとよいだろう。

　電車で走る距離は、時刻表で調べておく。時刻表には列車のダイヤだけでなく、主要な私鉄も含めて路線別の距離も載っている。駅と駅の間隔が短いか長いかによって多少のズレは出てくるが、知らない土地で電車に乗るときも、地図で電車の距離と見くらべれば、乗車時間がわかる。

　自分がよく知っていることを応用するのが、数字になじむヒケツである。

Part 2

マジカル掛け算で計算が速くなる

ウォーミングアップスタート

本パートのLet's Challenge問題の制限時間は、それぞれ目安として掲げたものです。

1 計算の順序を変えてみる

Part 2 マジカル掛け算で計算が速くなる

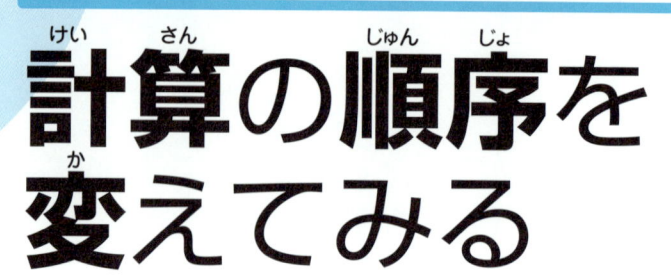

ポイント!!
- 簡単な掛け算から先に計算
- 掛けるとキリのいい数になるものを探す

　掛け算の場合には、掛ける数と掛けられる数を入れかえても答えは同じ（a×b＝b×a）。これを「交換の法則」が成り立つという。3つ以上の数の掛け算でも順序を入れかえてもよい。

　1個125円のりんごが1袋に7個入っている。4袋買うと、合計でいくらになるか。

　125×7＝875、そして875×4＝3500。この計算は素直なやり方だ。だが人間、素直でありさえすればよいというものでもない。

　25とか50とか75とか、最後の2ケタが25の倍数の場合、4を掛けるとキリのいい数になる。下の①のように、125×4＝500という点に注目すれば、鉛筆やメモ用紙を用意しなくても暗算できる。

　厳密にいえば、最初の計算と順序を入れかえたあとの計算とでは、金額の求め方は少し違う。

　しかし、本書は計算術の本であり、しかもなるべく簡単に計算することが目的。だから、計算の意味合いは考えないことにする。

マジカル! テクニック　掛け算では「交換の法則」が成り立つ

交換の法則

掛け算では、掛ける順序を入れかえても、答えは変わらない

つまり →

$$a \times b = b \times a$$
$$a \times b \times c = a \times c \times b$$
$$= b \times a \times c$$
$$= \cdots$$

たとえば
$32 \times 4 \times 5$
$= 32 \times \underline{4 \times 5}$
$= 32 \times 20$
$= 640$

①
$125 \times 7 \times 4$
$= \underline{125 \times 4} \times 7$
$= 500 \times 7$
$= 3500$

頭を柔らかく‥‥
う〜ん‥‥
簡単な計算を先にしろってことか

Let's Challenge

8分でできれば 凡人　4分でできれば 秀才　2分でできれば 達人

① 18×4×5

② 2×23×5

③ 5×37×4

④ 8×63×5

⑤ 4×11×5×3

⑥ 13×2×4×5

⑦ 6×14×5

⑧ 2×57×2×5

⑨ 125×8×4

⑩ 4×4×250

⑪ 275×4×6

⑫ 8×175×4

⑬ 4×3×375

⑭ 625×6×4

⑮ 6×1250×4

⑯ 7×4×2×4×5

解答　①360 ②230 ③740 ④2520 ⑤660 ⑥520 ⑦420 ⑧1140 ⑨4000 ⑩4000 ⑪6600 ⑫5600 ⑬4500 ⑭15000 ⑮30000 ⑯1120

Part 2 ✖ マジカル掛け算で計算が速くなる

2 やみくもに頭から計算しない

ポイント!!
- 数字をばらしてみる
- 順序を入れかえてみる

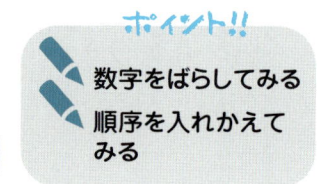

　おなかをすかせたサッカー部のイレブンとマネージャーがラーメン屋に行き、450円のラーメンを12人分注文した。全部でいくら?
　こんなときこそ、マジカル計算術の出番!
　12=2×6と分解をしてから掛け算してみる。450×2=900。この計算は、暗算でもできるだろう。900×6=5400で、これも暗算できる。
　では、25×28はどうだろう。あなたは、どう計算するだろうか。

　この場合、5×5×4×7と数字をばらし、さらに、4×5×5×7と、順序を変えてみよう。4×5×5は100である。だから、25×28=700。これなら、楽に暗算できるだろう。
　数をばらしたり、順序を入れかえたりしてみる。キリのいい数になる組み合わせを見つける。
　直球ばかりで勝負せず、いろいろと変化球を取りまぜて、簡単に計算ができるやり方を工夫してみよう。

マジカル! テクニック　キリのいい数の答えになる組み合わせを探す

①
450×12　　**数字をばらす**
=450×(2×6)
=(450×2)×6　　**先に掛ける**
=900×6
=5400

変化球にすればいいのに…
またやり直し……

②
25×28
=(5×5)×(4×7)
=(4×5×5)×7
=100×7
=700

意外におもしろい!

Let's Challenge

8分でできれば 😮 凡人　**4分でできれば** 😊 秀才　**2分でできれば** 😄 達人

① 6×25

② 28×5

③ 26×5

④ 8×15

⑤ 25×32

⑥ 6×55

⑦ 42×15

⑧ 18×24×5

⑨ 156×25

⑩ 36×12×5

⑪ 25×17×16

⑫ 12×250

⑬ 28×125

⑭ 32×25×50

⑮ 25×17×12

⑯ 36×125×16

解答：①150 ②140 ③130 ④120 ⑤800 ⑥330 ⑦630 ⑧2160 ⑨3900 ⑩2160 ⑪6800 ⑫3000 ⑬3500 ⑭40000 ⑮5100 ⑯72000

Part 2 ✖ マジカル掛け算で計算が速くなる

3 因数分解を利用すると簡単

ポイント!!
複雑な計算が一発でできる

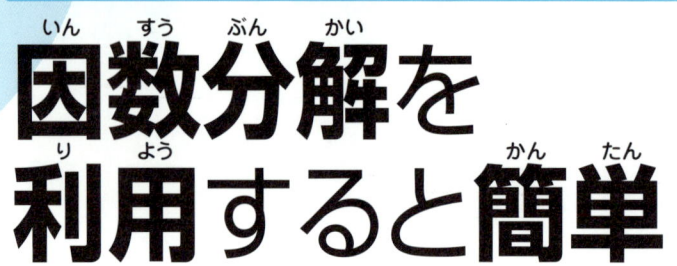

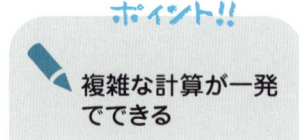

　52メートル四方の正方形の土地と、48メートル四方の正方形の土地がある。面積の差は何㎡？

　素直に計算すると、52×52＝2704。48×48＝2304。さらに、2704から2304を差し引いて……。「あー、めんどうくさい」となってしまうのではないだろうか。

　「因数分解」とか「数式の展開」というのを覚えているだろうか。言葉はむずかしそうでも、考え方は簡単だ。その中に、下の①のようなものがある。使えるようになっておきたい"変化球"の1つだ。

　ある文房具屋で、1980円の品物を3つ買って、レジで6000円を出した。レジが故障して、つり銭の計算ができないらしく、レジの女の子が一生懸命に計算している。見ていた隣の女店員が、「20

マジカル! テクニック 因数分解や数式の展開が使えないか考える

覚えておいてソンはない

因数分解と数式の展開

$$🐙^2 - 🦑^2 = (🐙 + 🦑)(🐙 - 🦑)$$

① $x^2 - y^2 = (x+y)(x-y)$

② $ax + bx = (a+b)x$

③ $ax - bx = (a-b)x$

④ $(x+a)(x+b) = x^2 + (a+b)x + ab$

⑤ $(x+y)^2 = x^2 + 2xy + y^2$

⑥ $(x-y)^2 = x^2 - 2xy + y^2$

Let's Challenge

8分でできれば	4分でできれば	2分でできれば
凡人	秀才	達人

円に3を掛ければいいのよ」とアドバイスした。②の方法だ。こういう機転のきく店員さんもたまにはいる。

では、190×210の計算は？ この場合は、④のように式の展開を利用する。200の2乗とか10の2乗なら簡単だし、40000－100も暗算でできるだろう。

① $8^2 - 2^2$

② $6^2 - 4^2$

③ $12^2 - 2^2$

④ $14^2 - 6^2$

⑤ $23^2 - 7^2$

⑥ $63^2 - 37^2$

⑦ $108^2 - 8^2$

⑧ $300 - 97 \times 3$

⑨ 305×295

⑩ $625 + 250 + 25$

①の例
$52^2 - 48^2$
$=(52+48)(52-48)$
$=100 \times 4$
$=400$

①の応用例
190×210
$=(200-10) \times (200+10)$
$=200^2 - 10^2$
$=40000 - 100$
$=39900$

③の例
$6000 - 1980 \times 3$
$=2000 \times 3 - 1980 \times 3$
$=(2000-1980) \times 3$
$=20 \times 3 = 60$

解答
①60 ②20 ③140 ④160 ⑤480 ⑥2600 ⑦11600 ⑧9 ⑨89975 ⑩900

4 掛け算の検算は数字和が使える

Part 2 マジカル掛け算で計算が速くなる

ポイント!!
- 検算が一発でできる
- 計算間違いも怖くない

9以下の1ケタの数値になるまで数字和を求め、足し算の検算に用いた（22ページ参照）。この方法は掛け算の検算にも応用できる。

掛け算の場合には、掛けられる数の数字和と掛ける数の数字和を求めて、その積を計算する。

数字和の積が2ケタになったら、さらに1ケタになるまで数字和の計算をする。

こうして算出した値が、掛け算の答えの数字和と合致していれば、その計算はおおむね正しいといえる。

③の計算では、掛けられる数の数字和が7で、掛ける数の数字和が6だから、その積は42になる。42の数字和は6。ところが、答えの数字和は5になっているから、計算はどこかが間違っていること

マジカル！テクニック　掛けられる数の数字和×掛ける数の数字和

それぞれの数字和を掛ける

① 　47 …… 4+7=11 … 1+1=②
　×31 …… 3+1=④　　　　　　2×4=⑧
　1457 …… 1+4+5+7=17 … 1+7=⑧

一致するからおおむね正しい！

② 　24 …… 2+4=6
　×17 …… 1+7=8　　　6×8=48 … 4+8=12 … 1+2=③
　408 …… 4+0+8=12 … 1+2=③

注意！ この方法は万能ではない

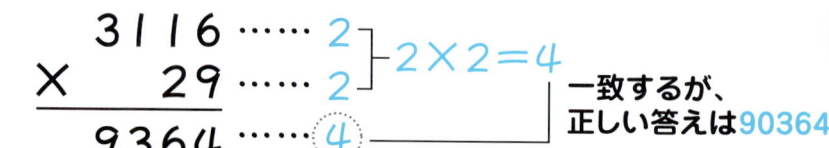

　3116 …… 2
　×　29 …… 2　　2×2=4
　9364 …… ④

一致するが、正しい答えは90364

になる。

なお、数字和が一致しないときには、次の3通りの原因が考えられる。
1) 数字和の計算が間違っている。
2) 掛ける数の1ケタごとに掛け算をして、その積を横方向に書くときの計算が間違っている。
3) 最後の縦方向の足し算が間違っている。

=答えの数字和

③
```
    466  ……  4+6+6=16
  ×132
    932  ……  1+6=7
   1398  ……  1+3+2=6
   466        7×6=42
  61412  ……  4+2=⑥
                6+1+4+1+2
                =14
                1+4=⑤
```

ここで、**繰り上がり**を忘れている

一致しない！

正しい答えは61512

Let's Challenge

8分でできれば	4分でできれば	2分でできれば
凡人	秀才	達人

掛け算の答えが正しければ○、間違っていれば×をつけなさい。

①
```
     54
  ×  38
   2152
```

②
```
    163
  ×  25
   4075
```

③
```
     85
  × 531
  45135
```

④
```
    335
  × 219
  73465
```

⑤
```
    233
  ×  44
   1252
```

解答　①× ②○ ③○ ④× ⑤×

47

Part 2 ✖ マジカル掛け算で計算が速くなる

5 9を掛ける掛け算のワザ

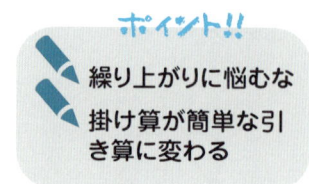

> **ポイント!!**
> - 繰り上がりに悩むな
> - 掛け算が簡単な引き算に変わる

特別な数の掛け算では、特別な計算のやり方が使える。覚えておくと便利なものをいくつか紹介しよう。

まず、その1つは、9を掛ける掛け算である。9が関係する掛け算は、何ヵ所も繰り上がりが生じる。そのため、普通に計算しようとすると、意外に面倒だ。そんなときに、9＝10－1という点に注目すれば、引き算で計算をすませることができる。

10倍するときには、数字の末尾に0を1つつけ加えて、1ケタ左にずらす。これを利用して引き算をするわけである。もちろん、36ページで覚えたように、引き算は足し算に置きかえて計算しよう。

99や999を掛ける場合にも、この方法が使える。いくつずらすかという点さえ気をつけるようにすればよい。

2倍したり、3倍するのがむずかしくない数ならば、19や29を掛けるときにも応用することができる。19＝20－1、29＝30－1と考えればよいのである。

マジカル！テクニック　9を掛けるときは、1ケタ左にずらして、もとの数を引く

384×9の計算

```
  3840   …掛けられる数を1ケタ左にずらして書く
－  384   ……掛けられる数を引く
  3456
```

ここがポイント

理由
384×9＝384×（10－1）
　　　＝3840－384

384×99の計算

```
  38400
－   384
  38016
```

この場合は、2ケタ左にずらすんだ

384×19の計算

```
  7680
－ 384
  7296
```

384×2×10

理由
384×19＝384×（20－1）

Let's Challenge

8分でできれば 凡人　**4分でできれば** 秀才　**2分でできれば** 達人

① 25×9

② 48×9

③ 524×9

④ 613×9

⑤ 34×99

⑥ 53×99

⑦ 242×99

⑧ 445×99

⑨ 637×99

⑩ 312×999

⑪ 599×999

⑫ 287×999

⑬ 31×19

⑭ 42×19

⑮ 125×39

⑯ 250×49

解答　①225 ②432 ③4716 ④5517 ⑤3366 ⑥5247 ⑦23958 ⑧44055 ⑨63063 ⑩311688 ⑪598401 ⑫286713 ⑬589 ⑭798 ⑮4875 ⑯12250

Part 2 ✕ マジカル掛け算で計算が速くなる

6 11を掛ける掛け算のワザ

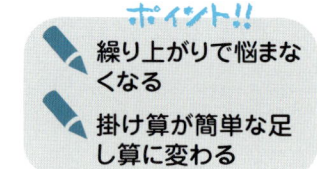

ポイント!!
- 繰り上がりで悩まなくなる
- 掛け算が簡単な足し算に変わる

　計算術のうまい使い手になるには、「他に使いみちはないか」「似たようなところに利用できないか」という普段の心がけが大切だ。計算方法を1つマスターしたら、その応用範囲を切り開いていくのである。

　前項の「9を掛ける」というのは、もう少し一般化すれば、10に近い数を掛けることである。99を掛ける、999を掛ける。これは100に近い数、1000に近い数を掛けるという意味にもとれる。「だったら、11を掛けたり、101や1001を掛けるときにも使えるのでは？」というような発想が生まれてくれば、計算術の達人への第1歩を踏み出したことになる。

　モノはためしだ。たとえば、384に11を掛ける場合には、「3840」と1ケタ左にずらしておいて、もとの数を足す。101を掛けるときには、2ケタ左にずらしてもとの数を足す、などと考えることができるだろう。

　9とか99を掛けるときには掛け算を引き算に変換したが、11や101を掛ける場合は、掛け算が足し算に置きかわる。実際には、こちらのほうがずっと簡単なことに気づくだろう。

マジカル! テクニック 11を掛けるときは、1ケタ左にずらして、もとの数を足す

384×11の計算

```
  3840   …掛けられる数を1ケタ左にずらして書く
+  384   ……掛けられる数を足す
------
  4224
```

ここがポイント

理由
384×11＝384×(10＋1)＝3840＋384

384×101の計算

```
  38400
+   384
------
  38784
```

この場合は、2ケタ左にずらすんだ

384×110の計算

まず、この計算をする

↓

その答え4224を10倍すればいい

Let's Challenge

8分でできれば 凡人　4分でできれば 秀才　2分でできれば 達人

① 33×11

② 26×11

③ 57×11

④ 293×11

⑤ 704×11

⑥ 43×101

⑦ 27×101

⑧ 77×101

⑨ 324×101

⑩ 101×101

⑪ 44×110

⑫ 73×110

⑬ 27×110

⑭ 46×1001

⑮ 83×1001

⑯ 713×1001

解答 ①363 ②286 ③627 ④3223 ⑤7744 ⑥4343 ⑦2727 ⑧7777 ⑨32724 ⑩10201 ⑪4840 ⑫8030 ⑬2970 ⑭46046 ⑮83083 ⑯713713

Part 2 ✖ マジカル掛け算で計算が速くなる

11から19までの間の数を掛ける

ポイント!! ムダな計算式を書かなくてすむ

　10とか100を掛けるときには、もとの数字をうまくずらせばいい。そう考えると、応用範囲はまだまだ広がる。

　掛ける数が11から19までのときには、下の①のようにひっ算をするのが速い。普通にひっ算をすると、一の位で数字の位置をそろえる。このやり方だと、次に10を掛けるときに、掛けられる数を1つ左にずらして書かなければならない。掛けられる数は計算式の中に書いてあるのだから、あらためて書き直すのはムダというもの。

　そこで、式のほうに書いてある数字をそのまま利用するには、一の位の掛け算をするときに、1つ右にずらして書いておけばよい。

　下の②のように、掛ける数の末位のほうが1の場合も、同じ要領でできる。

　この場合には、掛ける数の十の位の数だけ掛け算をして、答えを書く。あとは、上に書いてある数と足し算をするだけである。

マジカル！テクニック　1を掛ける掛け算はもとの数を有効活用

① 36×17

```
    36    ←もとの数
  ×  ①7
    252   ……36×7を計算して、1ケタ右にずらして書く
    612   ……上の36を見ながら、360＋252の計算をする
```

ここがポイント

理由
$36×17=36×(10+7)$
　　　　$=36×10+36×7$

② 36×71

```
    36
  ×  7①
    252   ……36×70の計算を先にする
   2556   ……2520＋36の計算をする
```

理由
$36×71=36×(70+1)$
　　　　$=36×70+36×1$

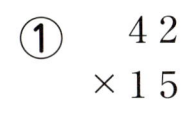

Let's Challenge

8分でできれば 凡人　**4分でできれば** 秀才　**2分でできれば** 達人

① 42 × 15

② 33 × 11

③ 54 × 13

④ 73 × 17

⑤ 83 × 16

⑥ 93 × 19

⑦ 62 × 31

⑧ 45 × 21

⑨ 27 × 51

⑩ 54 × 61

⑪ 91 × 81

⑫ 73 × 41

解答 ①630 ②363 ③702 ④1241 ⑤1328 ⑥1767 ⑦1922 ⑧945 ⑨1377 ⑩3294 ⑪7371 ⑫2993

Part 2 ✖ マジカル掛け算で計算が速くなる

8 11から19までの数どうしを掛ける

ポイント!!
- 簡単な1ケタの足し算と掛け算をするだけ
- ただし、繰り上がりには注意

　12×14とか19×17とか、11から19までの間の数どうしの掛け算は不思議なほどよく出てくるものだが、素早く計算をする方法がある。
　たとえば、12×14の計算をしてみよう。
　答えは3ケタの数字になるはず。そこで、まず百の位は、何でもいいからとにかく1と書く。次に十の位は、掛ける数と掛けられる数の末位の数字を足した数にする。この例では、2+4として6とする。最後のケタは、掛ける数と掛けられる数の一の位の数字を掛けたものにする。つまり、2×4で8。これで答えが出る。

　なぜこの計算がOKなのか、探求心旺盛な人は、45ページの数式の展開③を見てほしい。
　19×17の計算では、9+7の足し算と、最後の掛け算で繰り上がりが出る。その点に気を配りながら、下の②のように計算をする。
　この方法は、120×140とか19000×1700などでも使え、応用範囲は広い。

マジカル！テクニック　百の位は1、十の位は末位の数の和、一の位は末位の数の積

① 1️⃣2×1️⃣4＝1 6 8
　　（とにかく1にする）（2×4を計算する）
　　　　　　　　　（2+4を計算する）

理由
$(10+a)(10+b)$
　百の位は1　　一の位はab
$=100+10(a+b)+ab$
　　十の位はa+b

応用　120×140＝12×14×100
　　　　　　　　　＝168×100
　　　　　　　　　＝16800

② 1️⃣9×1️⃣7 ……9+7、9×7で繰り上がりがあるとき
　 1️⃣5×1️⃣3 ……5×3で繰り上がりがあるとき

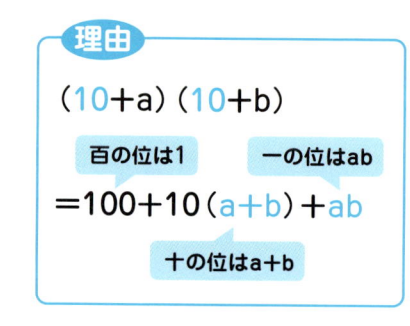

この場合は、注意しよう！

　　　　①百の位は1
19×17＝163　　②9×7を計算する
　　　　 16　　③9+7を計算する
　　　　―――
　　　　 323

15×13＝115
　　　　 8
　　　　―――
　　　　 195

Let's Challenge

8分でできれば 😮 凡人 | **4分でできれば** 🙂 秀才 | **2分でできれば** 😄 達人

① 13 × 12

② 13 × 13

③ 13 × 15

④ 15 × 14

⑤ 14 × 14

⑥ 14 × 13

⑦ 12 × 18

⑧ 13 × 17

⑨ 16 × 15

⑩ 17 × 18

⑪ 15 × 19

⑫ 19 × 19

⑬ 130 × 160

⑭ 1700 × 1600

解答 ①156 ②169 ③195 ④210 ⑤196 ⑥182 ⑦216 ⑧221 ⑨240 ⑩306 ⑪285 ⑫361 ⑬20800 ⑭2720000

9

Part 2 マジカル掛け算で計算が速くなる

62×68や63×43を2秒で計算する方法

ポイント!!
- 特別な条件を見つけるだけ
- 電卓より早い

扱う数がさらに特別な条件を満たしていれば、アッと驚くような計算術がある。

たとえば、62×68とか36×34の計算。これらは、あなたにも2秒でできる。

掛ける数と掛けられる数をよく見てほしい。どちらの場合にも、頭の十の位は同じ数であり、シッポの一の位は足して10になっている。そして、①のように、上の2ケタは6×7で42、下の2ケタは、2×8で16。これで計算は完了する。

次は63×43とか27×87。

この場合も、掛ける数と掛けられる数とが特別な条件を満たしている。十の位が足して10になる数であり、一の位は同じ数になっているのだ。

②のように上2ケタは、6×4の計算をして、それ

マジカル! テクニック 掛け算では一の位と十の位に注目

① 十の位が同じで一の位が足して10になる数の掛け算

```
  6 2    ← 同じ数
× 6 8
  2+8=10
```
この場合 →
```
  6 2
  6 8
 ─────
 4 2 1 6
```
6×(6+1) │ 2×8

理由

$(10x+a)(10x+b)$
$=100x^2+10(a+b)x+ab$
　　　　　↓ $a+b=10$ だから
$=100x^2+100x+ab$
$=100x(x+1)+ab$

上2ケタは $x(x+1)$　　下2ケタは ab

② 一の位が同じで、十の位が足して10になる数の掛け算

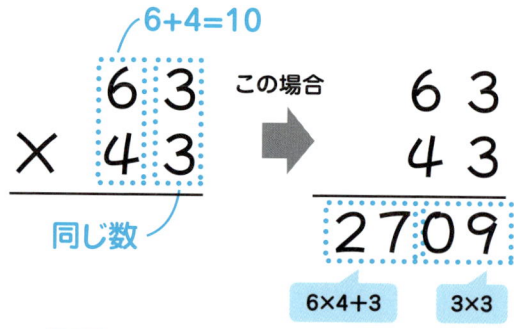

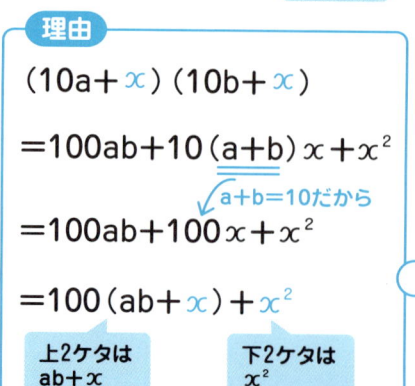

```
  6 3    ← 6+4=10
× 4 3
  ↑ 同じ数
```
この場合 →
```
  6 3
  4 3
 ─────
 2 7 0 9
```
6×4+3 │ 3×3

理由

$(10a+x)(10b+x)$
$=100ab+10(a+b)x+x^2$
　　　　　↓ $a+b=10$ だから
$=100ab+100x+x^2$
$=100(ab+x)+x^2$

上2ケタは $ab+x$　　下2ケタは x^2

に一の位を足せばよい。

下の2ケタは、単純に一の位の数を掛ければよい。ただし、3×3の計算をして、9をそのまま書くのではなく、09と2ケタの数字にする。

計算をするときに数字をよく見てみよう。62×78や63×53に、この計算は応用できる。土地の形状などは正方形に近いことが多いから使える。

Let's Challenge

5分でできれば	2分でできれば	1分でできれば
凡人	秀才	達人

① 53 × 57

② 74 × 76

③ 65 × 65

④ 48 × 68

⑤ 81 × 21

⑥ 34 × 46

応用

$62 \times 78 = 62 \times (68 + 10)$
$ = 62 \times 68 + 62 \times 10$
①の計算

$63 \times 53 = 63 \times (43 + 10)$
$ = 63 \times 43 + 63 \times 10$
②の計算

さらに応用

$63 \times 44 = 63 \times (43 + 1)$
$ = 63 \times 43 + 63$
②の計算

これはちょっとむずかしい
ゲソー

解答 ①3021 ②5624 ③4225 ④3264 ⑤1701 ⑥1564

10 概数の掛け算のスマートなやり方

Part 2 マジカル掛け算で計算が速くなる

> **ポイント!!**
> - スマートで正確
> - 小数の概数にも使える

　最初に求める単位を決め、次に、掛けられる数の、その単位より2ケタ下にマークをつける。下の例では、100万の位まで答えを求めようとしているから、万の位の6にマークしている。

　次に、マークをつけた数の真下に、掛ける数の一の位の数字を書き、そこを基点にして、掛ける数を逆向きに書く。

　まず、掛ける数のいちばん右側の4は、真上にある2との掛け算から始める。その右側にある51は、掛け算の対象にしないのである。

　次の7は、やはり真上の5との掛け算から始め、それより右の3ケタは無視する。答えの最後のケタは、先ほど4を掛けたときの答えと同じ位置にそろえて書く。いちばん左のケタの2についても同じ要領だ。

　最後に、答えの数字を1だけ増やす。なぜなら、この計算では掛け算の一部分を省略しているので、答えが小さめに出るからである。

マジカル！テクニック まずは求めたい位より2ケタ右の数をチェック

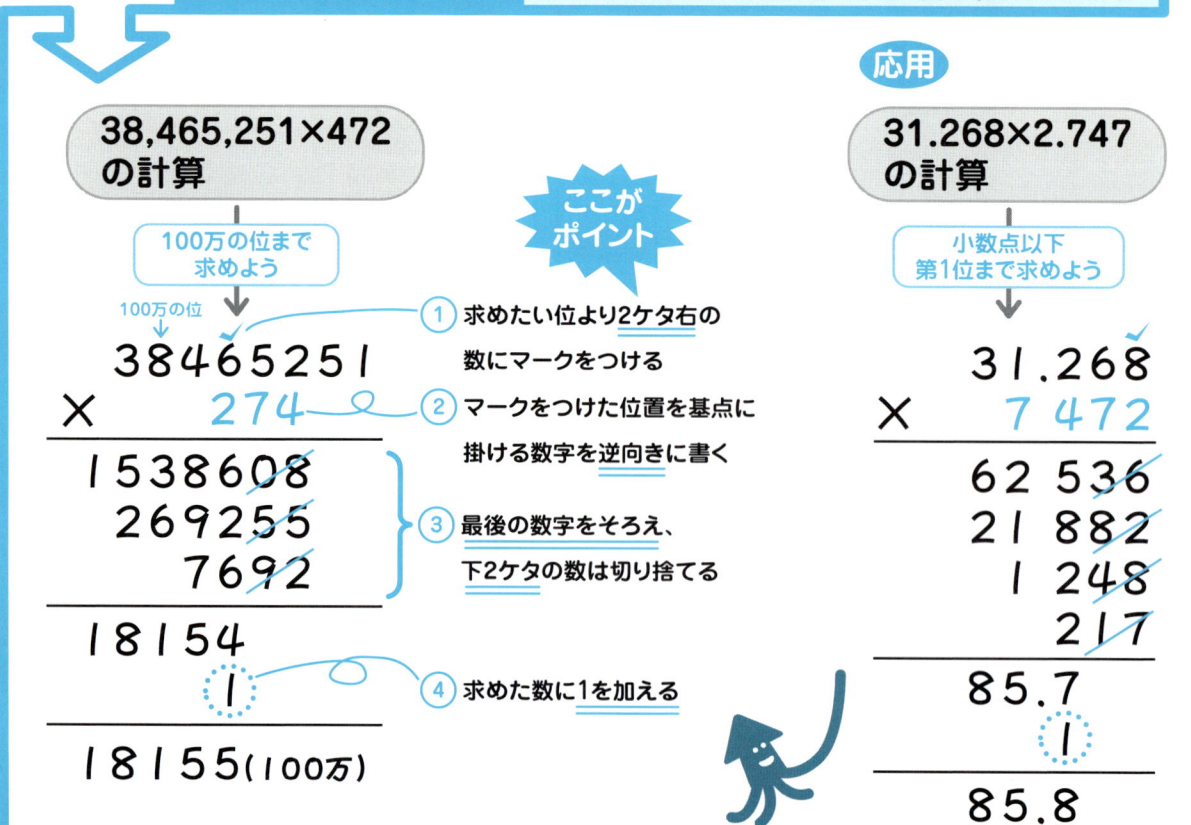

38,465,251×472 の計算

100万の位まで求めよう

```
         100万の位
            ↓
     3 8 4 6 5 2 5 1
  ×        2 7 4
  ─────────────────
     1 5 3 8 6 0 8
       2 6 9 2 5 5
           7 6 9 2
  ─────────────────
     1 8 1 5 4
                1
  ─────────────────
     1 8 1 5 5 (100万)
```

① 求めたい位より2ケタ右の数にマークをつける
② マークをつけた位置を基点に掛ける数字を逆向きに書く
③ 最後の数字をそろえ、下2ケタの数は切り捨てる
④ 求めた数に1を加える

応用 31.268×2.747 の計算

小数点以下第1位まで求めよう

```
         3 1 . 2 6 8
     ×     7 4 7 2
  ─────────────────
         6 2 5 3 6
         2 1 8 8 2
             1 2 4 8
                2 1 7
  ─────────────────
         8 5 . 7
                1
  ─────────────────
         8 5 . 8
```

Let's Challenge

15分でできれば 凡人　8分でできれば 秀才　4分でできれば 達人

次の計算を指定された位まで求めなさい。

① 25165×42
（千の位）

② 38905×72
（万の位）

③ 438115×382
（10万の位）

④ 2508913×88
（100万の位）

⑤ 7135562×357
（千万の位）

⑥ 247760925×635
（億の位）

⑦ 4.285×3.2
（小数点以下第1位）

⑧ 0.5623×4.7
（小数点以下第2位）

解答　①1057（千）②280（万）③1673（10万）④221（100万）⑤254（千万）⑥1573（億）⑦13.7 ⑧2.64

11 ケタが大きい掛け算でもノーミス

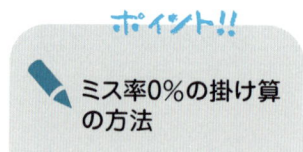

Part 2 ✖ マジカル掛け算で計算が速くなる

ポイント!! ミス率0％の掛け算の方法

　ちょっとケタ数が大きい数字の掛け算をすると、必ずどこかで間違える。そういう人は、昔から少なくなかったようである。そこで考え出されたのが、こんなやり方。

　まず、掛ける数字と掛けられる数字のケタ数に合わせて、下図のような四角を描き、それぞれの枠に、右上から左下への対角線を書く。

　次に、四角形の上側と右側に、それぞれ掛けられる数と掛ける数とを書く。

　あとは掛け算九九を唱えながら、対角線で仕切られた2つのマスに数字を書きこんでいく。たとえば、4×8＝32と計算して、4の列と8の行が交差するマスに記入するという要領である。

　全部のマス目が埋まったら、斜めに足し算をして、その答えを四角形の下に書く。斜めに足すやり方がポイントだ。

　この方法は中世のヨーロッパで一世を風びし、その後、計算用の棒も考え出されたという。

マジカル！テクニック　2マスで掛けて斜めに足す

497×83の計算

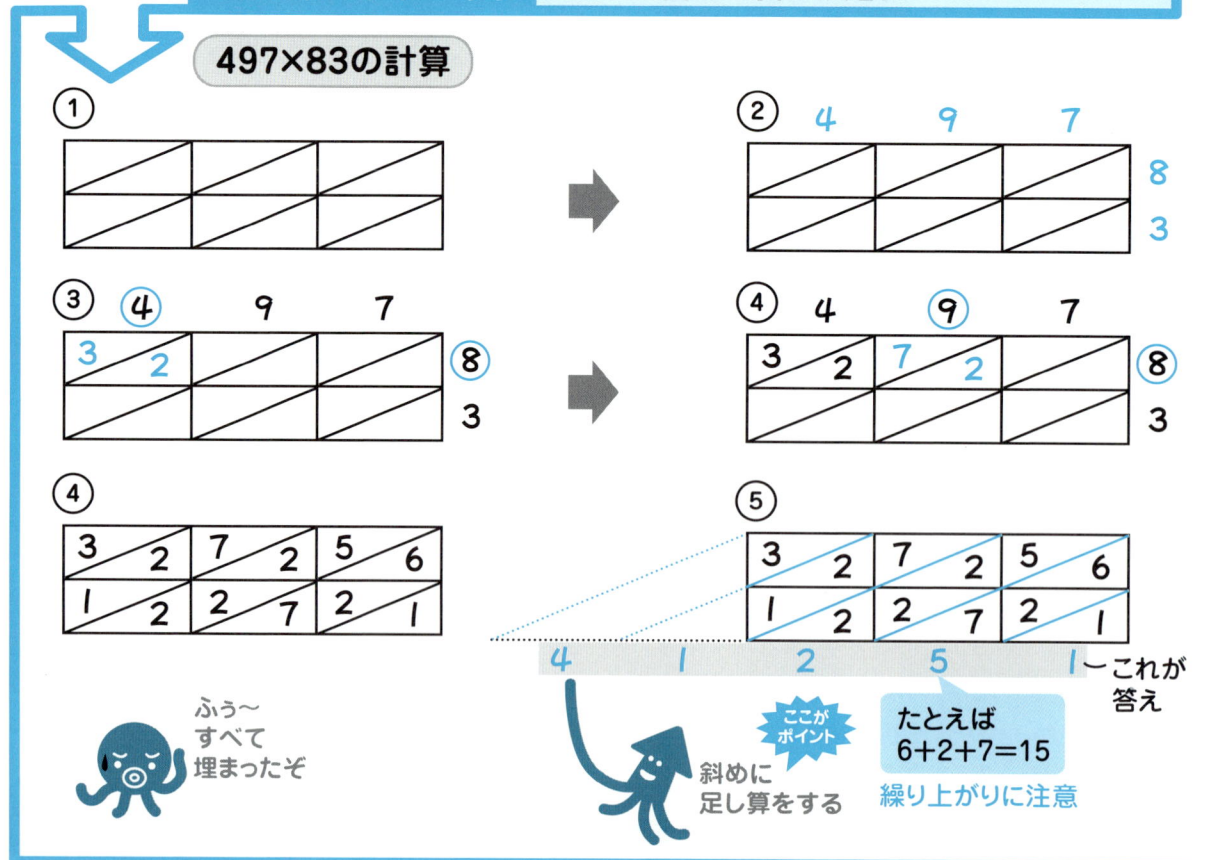

① （空のマス3×2、対角線入り）

② 上に4 9 7、右に8 3

③ 4の列×8の行に 3/2、（囲み：4と8）

④ 全マス記入：
```
 3/2  7/2  5/6
 1/2  2/2  7/2 1
```
（上に4 9 7、右に8 3）

⑤ 斜めに足し算をする → **4 1 2 5 1** ←これが答え

ここがポイント 斜めに足し算をする

たとえば 6+2+7=15 繰り上がりに注意

ふぅ〜 すべて埋まったぞ

60

Let's Challenge

| 8分でできれば 凡人 | 4分でできれば 秀才 | 2分でできれば 達人 |

① 42×59

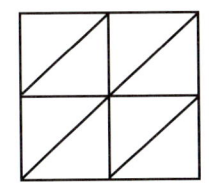

② 38×76

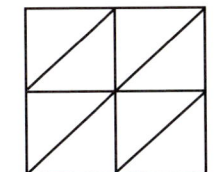

③ 21×66

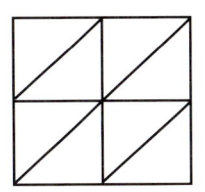

④ 316×48

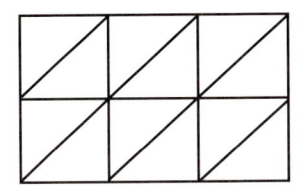

⑤ 203×74

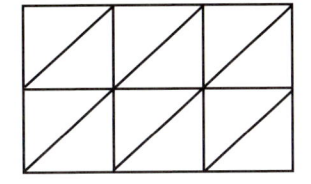

⑥ 156×402

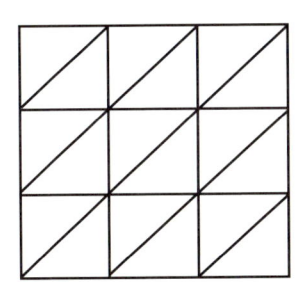

⑦ 246×135

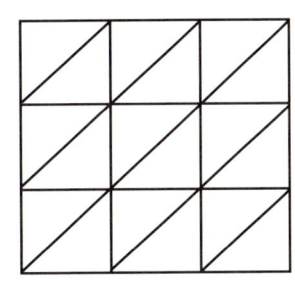

⑧ 2539×923

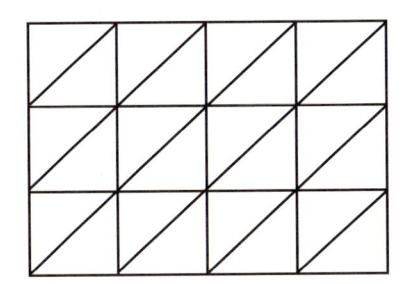

⑨ 4816×5738

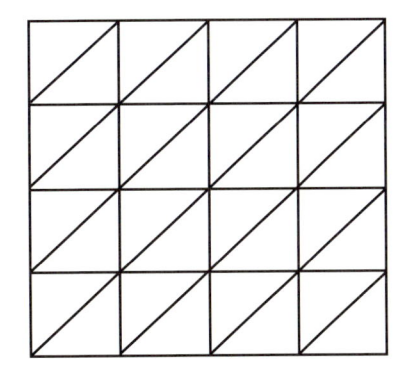

解答 ①2478 ②2888 ③1386 ④15168 ⑤15022 ⑥62712 ⑦33210 ⑧2343497 ⑨27634208

12 ロシア式掛け算はボルシチの味

Part 2 ✕ マジカル掛け算で計算が速くなる

ポイント!! 掛け算九九を使わない

　掛け算九九を使わずに掛け算をする、とっておきの方法がある。このやり方は、ロシアの農民が使っていたといわれている。

　この方法では、掛ける数と掛けられる数のうちのどちらか一方を次々と2倍していき、残りの一方は、逆に半分にしていく。

　半分にする数が奇数のときには、1を引いてから半分にする。こうして、半分にしていったほうの数が1になるまで計算を続ける。

　倍にする計算は、同じ数を足せばよいのだから、掛け算を使うまでもない。半分にする計算も、暗算でやったとしても、それほど苦にはならないだ

マジカル! テクニック　片方が奇数の部分に対応している数字を足す

216×73の計算

倍にしていく		半分にしていく
	216	奇数　73
	432	36
	864	18
	1728	奇数　9
	3456	4
	6912	2
	13824	奇数　1

奇数だったら1を引いて半分にする
偶数だったらそのまま半分にする

倍にするのは暗算できるな
半分にするのも暗算できる

片方が奇数の部分に対応している数字を足す

↓

216×73 = 216 + 1728 + 13824
　　　 = 15768

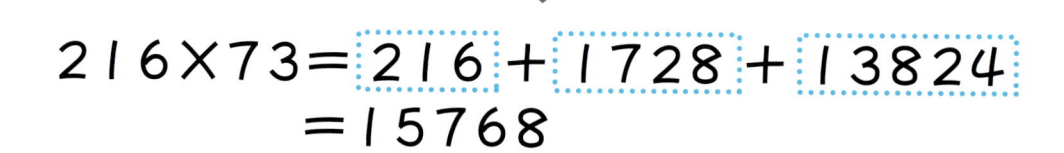

Let's Challenge

15分でできれば	8分でできれば	3分でできれば
凡人	秀才	達人

① 83×6

② 65×7

③ 42×16

④ 57×32

⑤ 39×61

⑥ 63×83

⑦ 513×92

⑧ 34×381

⑨ 67×150

⑩ 218×313

⑪ 636×475

ろう。
　計算が終わったら、半分にしていった数が奇数になっているところにマークをつける。ここがポイント。そして、これに対応しているもう一方の数字をすべて足す。その数が最初の掛け算の答えになる。

理由

216×73
＝432×36＋216

432×36
＝864×18

864×18
＝1728×9

1728×9
＝3456×4＋1728

3456×4
＝6912×2

6912×2
＝13824×1

ここがポイント
この分を最後に足す

答え
①498 ②455 ③672 ④1824 ⑤2379 ⑥5229 ⑦47196 ⑧12954 ⑨10050 ⑩68234 ⑪302100

なるほどコラム 3

倍々ゲームの恐ろしさ

　バクチ必勝法というのがある。
　たとえば、サイコロの丁半だったら、最初に1万円をどちらかの目に賭ける。勝ったら、そこで賭けるのをやめる。負けたら、次には2倍の2万円を張りこむ。そこで勝てば、4万円もらえる。それまでに賭けたお金の3万円を差し引いて、1万円の儲けである。欲は出さないで、やっぱりその場ですぐに席を立つ。このようにして、負けたときには直前の賭け金の2倍の金額を張り、勝った時点で賭けるのをやめる。そうすれば、かならず1万円儲かる。こんな考えの必勝法である。
　賭場がずーっと開かれており、また、勝ち逃げが許してもらえるならば、これはたしかに必勝法になる。だが、問題は賭けの元手。運悪く15回も負け続けると、次に賭けるためには3億2768万円もの資金が必要になる。しかも、勝ったとして儲けはたった1万円！ 倍々ゲームの怖さといえる。
　それでは応用問題。
　化学者が実験用に細菌を培養している。1個の細菌が、1分たつと分裂して2個になり、また1分たつと倍の4個になる。こうして倍々とふえていき、1時間でちょうど容器にいっぱいになるとする。では、最初に2個から始めたら、容器いっぱいになるのに何分かかるか。
　30分と早合点しないように！

【応用問題の回答】

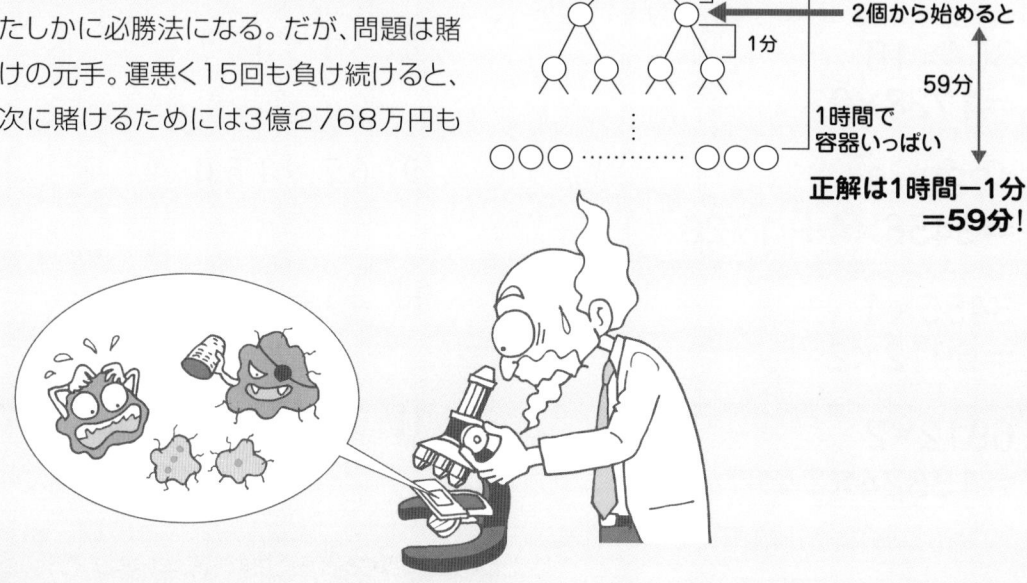

2個から始めると

59分

1時間で容器いっぱい

正解は1時間−1分＝59分！

Part 3

マジカル割り算と分数・小数の計算

ウォーミング
アップ
スタート

本パートのLet's Challenge問題の制限時間は、
それぞれ目安として掲げたものです。

Part 3 ÷ マジカル割り算と分数・小数の計算

1 100に近い数で割り算するとき

ポイント!!
- ややこしい計算をしないですむ
- 応用範囲が広い

　割り算の場合にも、特別な条件を備えた数で割るときには、あるやり方をすると計算が簡単になる。その代表例が、99とか98など100に近い数で割り算をする場合だ。

　たとえば、5732÷98の計算。どうすればラクに計算できるだろうか。

　「98でまともに割るかわりに、補数でも使うんじゃないか」と見当をつけることができたら、ここまで読んできたことが身になっている。

　ズバリ、その方法とは、98のかわりに100で割り算をするというものだ。

　ただ、98＝100－2だから、98で割らなければいけないところを100で割ると、答え（商）を2倍した数だけ余りの計算にいつも誤差が生じてくる。

マジカル！テクニック 100に近い数で割るときは100で割ってしまう

5732÷98の計算

まともに割った場合

```
       58
   ┌──────
98 ) 5732
     490
     ───
      832
      784
      ───
       48
```

ここがポイント → 補数を使う

98＝100－2と考える

```
           58
      ┌──────
100-2 ) 5732
        -5       …573を100で割る
       +10       …500を引くと5×2だけ多く引きすぎているので、10を足す
        ───
         832
         -8      …832を100で割る
        +16      …引きすぎている8×2を足す
        ───
          48
```

慣れたら、上の赤字部分を省略して書く

```
       58
   ┌──────
98 ) 5732
     ───
      832
      ───
       48
```

答え 58余り48

Let's Challenge

15分でできれば	8分でできれば	4分でできれば
😮 凡人	😊 秀才	😄 達人

① 6591 ÷ 97

② 2309 ÷ 98

③ 8233 ÷ 99

④ 79613 ÷ 98

⑤ 55353 ÷ 99

⑥ 7792 ÷ 102

⑦ 15234 ÷ 103

⑧ 93187 ÷ 102

⑨ 283445 ÷ 998

⑩ 834592 ÷ 1003

余った……パク
このカロリーを消費するエネルギーは…
ポリポリパ

そこで、その分を調整しながら計算していくようにする必要がある。

573を100で割れば、答えは5で、余りは73。しかし、それでは余りが5×2だけ小さくなりすぎているから、10を戻して、余りを83にする。

このような考え方で計算すると、ケタが少ない計算なら暗算でできてしまう。

応用 1000に近い数で割るときは1000で割る

453327 ÷ 997の計算

```
         454
       ┌─────────
 997 ) 453327
        545
        ───
        467
        ───
        689
```
↑1000−3

省略している計算式がわかるかな？

答え 454余り689

解答
① 67余り92　② 23余り55　③ 83余り16
④ 812余り37　⑤ 559余り12　⑥ 76余り40
⑦ 147余り93　⑧ 913余り61　⑨ 284余り13
⑩ 832余り96

Part 3 ÷ マジカル割り算と分数・小数の計算

2 割られる数と割る数に同じ数を掛けてみる

ポイント!!
- 計算がとにかくラクになる
- 応用範囲が広い

20÷5＝4
40÷10＝4

こんな簡単な割り算の計算なら誰でもできるといわないで、2つの割り算をじっくりとながめてほしい。

答えは、どちらも4。2番目の式の割られる数は、1番目のほうの割られる数の2倍になっている。そして割る数も、2番目のほうの10は、1番目の5の2倍だ。

つまり、割り算では、割られる数と割る数のそれぞれに同じ数を掛けてから計算しても答えが変わらないということだ。

計算するにはどちらがラクだろうか？ 後者の式のほうが簡単なのはいうまでもないだろう。

だったら、割り算のこの性質を利用しない手はない。5で割り算をするかわりに、割られる数を2倍しておいて、1ケタ小さくしてしまう。これで計算がすんでしまうのだ。

マジカル! テクニック　割り算を掛け算に置きかえる

10で割るとは1ケタ小さくすること、100で割るとは2ケタ小さくするということだ

覚えておきたいルール

2で割る	→ 5倍して10で割る	250÷2＝(250×5)÷(2×5)＝1250÷10＝125
5で割る	→ 2倍して10で割る	825÷5＝(825×2)÷(5×2)＝1650÷10＝165
25で割る	→ 4倍して100で割る	450÷25＝(450×4)÷(25×4)＝1800÷100＝18
125で割る	→ 8倍して1000で割る	3000÷125＝3000×8÷1000＝24

応用

15で割る	→ 2倍して30で割る	180÷15＝360÷30＝12

Let's Challenge

8分でできれば 凡人　**4分でできれば** 秀才　**2分でできれば** 達人

① $42 \div 2$

② $38 \div 2$

③ $912 \div 2$

④ $1532 \div 2$

⑤ $35 \div 5$

⑥ $125 \div 5$

⑦ $1905 \div 5$

⑧ $4595 \div 5$

⑨ $150 \div 25$

⑩ $875 \div 25$

⑪ $3100 \div 25$

⑫ $625 \div 125$

⑬ $1375 \div 125$

⑭ $16750 \div 125$

⑮ $90 \div 15$

⑯ $165 \div 15$

解答：①21 ②19 ③456 ④766 ⑤7 ⑥25 ⑦381 ⑧919 ⑨6 ⑩35 ⑪124 ⑫5 ⑬11 ⑭134 ⑮6 ⑯11

Part 3 ÷ マジカル割り算と分数・小数の計算

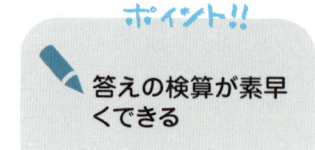

数字和による割り算の検算

> **ポイント!!**
> 答えの検算が素早くできる

数字和で割り算の検算をするには、まず、割られる数の数字和を求めておく。

一方で、割る数の数字和、答えの数字和、余りの数字和をそれぞれ計算する。

そして、割る数の数字和と答えの数字和とを掛け合わせた数の数字和に、余りの数字和を足す。

どの段階でも数字和は、1ケタになるまで計算を続けるのが約束である。

最後に、こうして出てきた数字和と、割られる数の数字和とを照らし合わせる。そして下の例題①のように両方が一致していれば、その計算はおおむね正しいといってよい。

ところが、例題②のように両方が合致しないときは、どこかで計算間違いをしている。

マジカル! テクニック　割る数の数字和×商の数字和＋余りの数字和

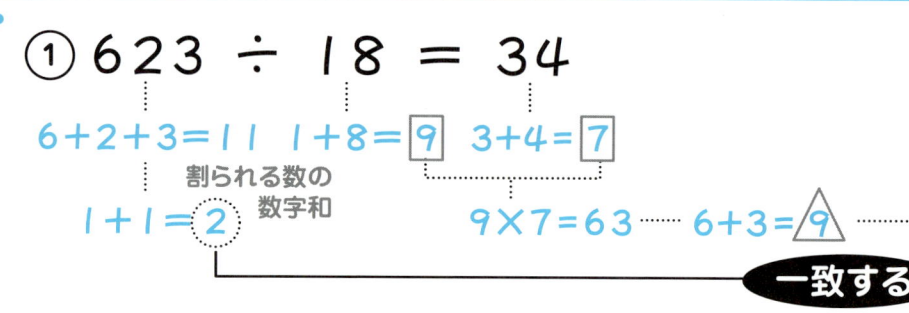

① 623 ÷ 18 = 34

6+2+3=11　1+8=⑨　3+4=⑦
割られる数の数字和
1+1=②　　　　　9×7=63　6+3=△9

一致する

② 324 ÷ 15 = 21
数字和 ⑨　　6　　3
6×3=18　1+8=9

一致しない

注意! この方法は万能ではない

2895 ÷ 113 = 25 余り 7
数字和 ⑥　　5　　7　　　　8+7=15
　　　　5×7=35　3+5=8　1+5=⑥

一致するが正しい答えは25余り70

掛け算の答えの末尾の0や、割り算の余りのケタにチューイ!

「計算ではこっちのはずじゃが……」

その場合には、もう一度、数字和の計算を確認し、それが正しかったらもとの割り算をやり直してみよう。

数字和を使った検算は効果大なのだが、落とし穴もある。それは下の「注意！」で示したように、位取りの間違いや、数字のケタの書き違ったときは、そのミスを発見できないことである。

=割られる数の数字和

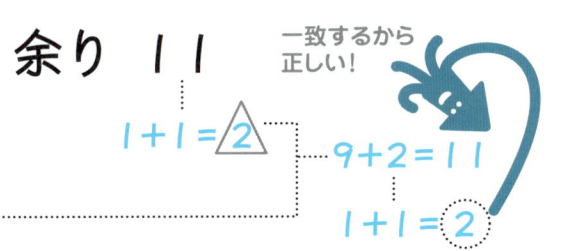

余り 11
1+1＝△2
9+2＝11
1+1＝②
一致するから正しい！

余り 7
9+7＝16
1+6＝⑦

例題②の正しい答えは
21余り9

Let's Challenge

8分でできれば 凡人　4分でできれば 秀才　2分でできれば 達人

割り算の答えが正しければ○、間違っていれば×をつけなさい。

① $345 \div 17 = 20$ 余り 5

② $832 \div 23 = 36$ 余り 4

③ $581 \div 51 = 11$ 余り 19

④ $1823 \div 43 = 42$ 余り 17

⑤ $2064 \div 216 = 9$ 余り 12

⑥ $7837 \div 334 = 23$ 余り 155

⑦ $12586 \div 430 = 29$ 余り 116

⑧ $89342 \div 3121 = 28$ 余り 1954

Part 3 ÷ マジカル割り算と分数・小数の計算

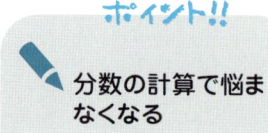

4 分数の足し算・引き算のおさらい

ポイント!! 分数の計算で悩まなくなる

　日常生活での会話で、比率や割合を引き合いに出すことは少なくない。そういった場合にすぐに必要になるのが、分数や小数の考え方とその計算だ。最近は「分数ができない大学生」もいるとかで少々嘆かわしいが、割り算が苦手でなくなれば、分数の計算にも悩まずにすむ。

　分数の計算では、めったに使わないこともあって、足し算・引き算のほうが間違えやすい。

　分数の足し算・引き算では、まず、分母どうしを同じ数にそろえる必要がある。これを「通分」という。共通な分母の数は、それぞれの「最小公倍数」を選ぶ。

　分数の分母と分子に、ゼロでない同じ数を掛けても、その分数の大きさは変わらない。この性質を利用して、共通な分母の分数に直して足し算・引き算をする。3つ以上の分数の計算や、足し算と引き算が混ざっていても同様。分母と分子が同じ数で割り切れる場合は、約分も忘れないこと。

マジカル！テクニック　通分して、分母を同じ数にそろえてから計算する

分母が同じときは、分子どうしを計算する

$$\frac{1}{6}+\frac{4}{6}=\frac{1+4}{6}=\frac{5}{6} \qquad \frac{7}{9}-\frac{5}{9}=\frac{7-5}{9}=\frac{2}{9}$$

通分とは分母を同じ数にすることだ

分母が異なるときは、通分してから計算する

大きいほうの分母が小さいほうの分母の倍数のとき

$$\frac{1}{3}+\frac{2}{9}=\frac{1\times 3}{3\times 3}+\frac{2}{9}=\frac{3+2}{9}=\frac{5}{9}$$

そうでないときは、最小公倍数を共通の分母にする

$$\frac{1}{3}-\frac{1}{4}=\frac{1\times 4}{3\times 4}-\frac{1\times 3}{4\times 3}=\frac{4-3}{\boxed{12}}=\frac{1}{12}$$

これが最小公倍数

最小公倍数の求め方のコツは80ページ

$$\frac{1}{2}+\frac{2}{3}-\frac{2}{5}=\frac{1\times 3\times 5}{2\times 3\times 5}+\frac{2\times 2\times 5}{3\times 2\times 5}-\frac{2\times 2\times 3}{5\times 2\times 3}=\frac{15+20-12}{30}=\frac{23}{30}$$

Let's Challenge

8分でできれば 凡人　　**4分でできれば** 秀才　　**2分でできれば** 達人

① $\dfrac{5}{9} + \dfrac{2}{9}$　　② $\dfrac{3}{7} - \dfrac{1}{7}$　　③ $\dfrac{7}{13} - \dfrac{2}{13}$

④ $\dfrac{1}{2} + \dfrac{1}{4}$　　⑤ $\dfrac{1}{4} + \dfrac{5}{12}$　　⑥ $\dfrac{2}{5} + \dfrac{3}{10}$

⑦ $\dfrac{1}{3} - \dfrac{2}{9}$　　⑧ $\dfrac{4}{6} - \dfrac{5}{12}$　　⑨ $\dfrac{4}{5} - \dfrac{5}{15}$

⑩ $\dfrac{1}{2} + \dfrac{1}{5}$　　⑪ $\dfrac{3}{4} + \dfrac{1}{3}$　　⑫ $\dfrac{3}{11} + \dfrac{2}{5}$

⑬ $\dfrac{3}{5} - \dfrac{1}{4}$　　⑭ $\dfrac{7}{13} - \dfrac{2}{11}$　　⑮ $\dfrac{3}{7} - \dfrac{3}{8}$

⑯ $\dfrac{2}{5} + \dfrac{1}{2} - \dfrac{2}{3}$　　⑰ $\dfrac{5}{7} - \dfrac{4}{5} + \dfrac{1}{2}$

⑱ $\dfrac{2}{3} - \dfrac{3}{5} + \dfrac{1}{6} - \dfrac{2}{15}$

解答　① $\dfrac{7}{9}$　② $\dfrac{2}{7}$　③ $\dfrac{5}{13}$　④ $\dfrac{3}{4}$　⑤ $\dfrac{2}{3}$　⑥ $\dfrac{7}{10}$　⑦ $\dfrac{1}{9}$　⑧ $\dfrac{1}{4}$　⑨ $\dfrac{7}{15}$　⑩ $\dfrac{7}{10}$　⑪ $\dfrac{13}{12}$　⑫ $\dfrac{37}{55}$　⑬ $\dfrac{7}{20}$　⑭ $\dfrac{51}{143}$　⑮ $\dfrac{3}{56}$　⑯ $\dfrac{7}{30}$　⑰ $\dfrac{29}{70}$　⑱ $\dfrac{1}{10}$

Part 3 ÷ マジカル割り算と分数・小数の計算

分数の掛け算・割り算はこれでOK

> **ポイント!!**
> ふだんの暮らしの中に出てくる計算に役立つ

分数では、足し算・引き算より掛け算・割り算のほうが使用頻度が高い。分数の掛け算・割り算は、その意味と要領さえ飲みこんでしまえば、足し算・引き算より簡単である。

分数どうしの掛け算は、分母は分母どうし、分子は分子どうしで掛け合わせる。分数と整数の掛け算は、分子のほうに整数を掛ける。

ここで問題。バーゲンで定価の4分の3の値段で全商品を売っている。定価1200円の商品はバーゲン中は900円。では、バーゲンで900円の商品の定価は？ 分数の割り算はこんなふうに、たいがい分数の掛け算の裏返しとして現われている。

マジカル! テクニック　掛け算では分母は分母どうし、分子は分子どうし掛け合わせる。

掛け算　分母は分母どうし、分子は分子どうしを掛ける

$$\frac{1}{4} \times \frac{1}{3} = \frac{1 \times 1}{4 \times 3} = \frac{1}{12}$$

約分を忘れないこと

$$\frac{1}{4} \times \frac{2}{3} = \frac{1 \times 2}{4 \times 3} = \frac{2}{12} = \frac{1}{6}$$

$$\frac{1}{2} \times \frac{2}{3} \times \frac{1}{5} = \frac{1}{3 \times 5} = \frac{1}{15}$$

約分は先にやったほうがいい

$$3 \times \frac{1}{4} = \frac{3 \times 1}{4} = \frac{3}{4}$$

$\frac{3}{1}$ と考える

スパっと早めに約分

割り算　逆数を掛ける

分数の分母と分子を入れかえた数

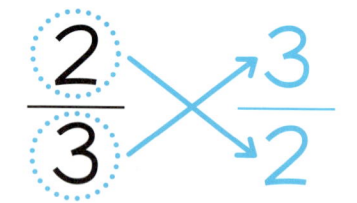

$$\frac{2}{3} \times \frac{3}{2}$$

さかさまにするんだよ

この場合、もとの数を4等分して3倍したら900円になった。だから、900円を4倍して3で割れば、もとの数が計算できる。

分数で割るときには、その分数の「逆数」を掛ければよい。逆数というのは、分数の分母と分子を入れかえた数のことである。

分数で割るときは、その分数の逆数を掛ける

$$900 \div \frac{3}{4} = 900 \times \frac{4}{3} = 1200$$

$$\frac{2}{5} \div \frac{2}{3} = \frac{2}{5} \times \frac{3}{2} = \frac{1 \times 3}{5 \times 1} = \frac{3}{5}$$

分数計算のまとめ

×	足し算 引き算	通分してから $\frac{1}{4} + \frac{5}{7} = \frac{1 \times 7 + 5 \times 4}{4 \times 7}$
=	掛け算	分母は分母どうし、分子は分子どうし $\frac{1}{4} \times \frac{5}{7} = \frac{1 \times 5}{4 \times 7}$
×	割り算	割る数の逆数を掛ける $\frac{1}{4} \div \frac{5}{7} = \frac{1 \times 7}{4 \times 5}$

Let's Challenge

8分でできれば 😮 凡人　　4分でできれば 😊 秀才　　2分でできれば 😄 達人

① $\dfrac{3}{4} \times \dfrac{1}{3}$ 　　② $\dfrac{3}{7} \times \dfrac{5}{8}$

③ $6 \times \dfrac{2}{7}$ 　　④ $\dfrac{5}{11} \times \dfrac{33}{15}$

⑤ $\dfrac{1}{4} \times \dfrac{5}{6} \times \dfrac{2}{5}$

⑥ $\dfrac{2}{3} \div \dfrac{2}{5}$ 　　⑦ $\dfrac{3}{7} \div \dfrac{1}{14}$

⑧ $\dfrac{5}{14} \div 5$ 　　⑨ $\dfrac{9}{13} \div \dfrac{3}{52}$

⑩ $\dfrac{1}{2} \times \dfrac{1}{3} \div \dfrac{1}{4}$

解答 ① $\dfrac{1}{4}$　② $\dfrac{15}{56}$　③ $\dfrac{12}{7}$　④ 1　⑤ $\dfrac{1}{12}$　⑥ $\dfrac{5}{3}$　⑦ 6　⑧ $\dfrac{1}{14}$　⑨ 12　⑩ $\dfrac{2}{3}$

Part 3 ÷ マジカル割り算と分数・小数の計算

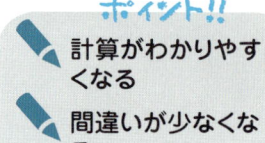

6 連続する割り算・掛け算は分数に直す

ポイント!!
- 計算がわかりやすくなる
- 間違いが少なくなる

　下の例題に出てくる4つの計算。出てくる数字は同じだが、答えはそれぞれ異なる。自分で試してみて、正しい計算結果が得られただろうか。

　分数の掛け算や割り算を使うのは、掛ける数とか割る数とかに分数が出てくる場合だけではない。この例のように、割り算が続く計算や、掛け算と割り算とが混ざったりしているときにも、分数を利用するとわかりやすくなる。

　連続した割り算や、掛け算と割り算の混合算を分数の計算に変換するときにはコツがある。

　①のように計算式の中に（　）がなかったら、数字の前の記号が×の場合は、すべて分子のほうにもっていく。記号が÷の場合は、分母にもっていく。（　）がついているときは、まず、カッコの中の計算を分数に直す。それから（　）の前にある記号を見て、それが÷だったら、分数の分母と分子を入れかえて掛け算にする。（　）の前の記号が×の場合には、そのまま分数を掛ければよい。

マジカル！テクニック　掛ける数は分子に、割る数は分母にもっていく

掛ける数は **分子**
割る数は **分母**

① $480 \div 12 \div 4 \times 2 = \dfrac{480 \times 2}{12 \times 4} = 20$

② $480 \div (12 \div 4) \times 2 = 480 \div \dfrac{12}{4} \times 2$

　　　　　　　　　　　　　　$= \dfrac{480 \times 4 \times 2}{12} = 320$

（　）がある場合は（　）を先に計算する

③ $480 \div 12 \div (4 \times 2) = \dfrac{480}{12 \times 4 \times 2} = 5$

④ $480 \div (12 \div 4 \times 2) = 480 \div \dfrac{12 \times 2}{4} = \dfrac{480 \times 4}{12 \times 2} = 80$

Let's Challenge

15分でできれば 凡人　**8分でできれば** 秀才　**4分でできれば** 達人

① $18 ÷ 3 ÷ 2$

② $25 ÷ 5 × 3$

③ $156 ÷ (3 × 4)$

④ $39 ÷ (3 ÷ 4)$

⑤ $60 ÷ 3 ÷ 4 × 5$

⑥ $56 ÷ (14 ÷ 2) ÷ 2$

⑦ $144 ÷ (3 ÷ 5 × 4)$

⑧ $198 ÷ 11 ÷ (3 × 6)$

⑨ $363 ÷ (3 × 11) ÷ 4$

⑩ $195 ÷ 13 × 12 ÷ 15$

⑪ $105 ÷ (3 × 7) ÷ (25 ÷ 4)$

⑫ $216 × (16 ÷ 4 ÷ 3) ÷ (9 ÷ 6)$

⑬ $624 ÷ (72 ÷ 5 ÷ 7) ÷ (3 × 80 ÷ 2)$

解答 ①3 ②15 ③13 ④52 ⑤25 ⑥4 ⑦60 ⑧1 ⑨$\frac{11}{4}$ ⑩12 ⑪$\frac{4}{5}$ ⑫192 ⑬$\frac{91}{36}$

Part 3 ÷ マジカル割り算と分数・小数の計算

小数と分数の混ざった計算

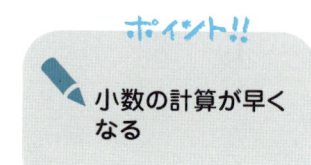

ポイント!! 小数の計算が早くなる

　小数というのは、10とか100とか1000とか、10のx乗を分母とする分数に直せる。0.8は10分の8、0.85は100分の85と等しい。

　だから、たとえば2000×0.85は2000を100等分して85倍するという意味だ。つまり、2000を100で割ってから85を掛けたのと同じで、20×85ということ。1より小さい小数を掛けると、もとの数より小さい値になるのがわかるだろう。

　ここで問題。太りすぎの山中さんは、1日に3200キロカロリー食べている。そこで、カロリーをそれまでの0.75に下げた。それでも効果が現われないので、さらに5分の4にした。最終的に、1日にどれだけのカロリーをとっているか。

　これを計算するには、分数の掛け算が続く。下の①のように計算をして、最後に「約分」をしてもよい。けれども、②のやり方で先に約分をしておくと、計算はずっとラクになる。分数の約分は、早めにするのが鉄則なのだ。

マジカル！テクニック　小数は分数に直す。約分は早めにする

小数は分数に直せる

$$0.8 = \frac{8}{10} \quad 0.85 = \frac{85}{100}$$

だから

$$2000 \times 0.85 = 2000 \times \frac{85}{100} = \frac{170000}{100} = 1700$$

① $$3200 \times 0.75 \times \frac{4}{5} = 3200 \times \frac{75}{100} \times \frac{4}{5} = \frac{960000}{500} = 1920$$

99.9kg…

約分を先にしておくと

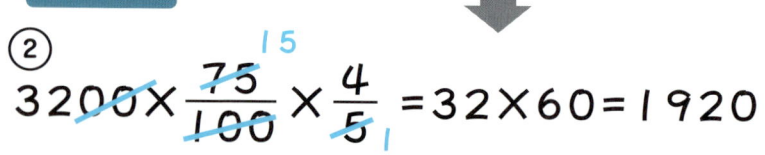

② $$3200 \times \frac{75}{100}^{15} \times \frac{4}{5}_1 = 32 \times 60 = 1920$$

計算がずっと**ラク**になる

78

Let's Challenge

12分でできれば 凡人　8分でできれば 秀才　5分でできれば 達人

① 45×0.2

② 220×0.6

③ 356×0.25

④ $133 \div 0.7$

⑤ $31 \div 0.125$

⑥ $585 \div 0.45$

⑦ $\dfrac{1}{6} \times 0.3$

⑧ $\dfrac{5}{9} \times 0.18$

⑨ $\dfrac{5}{14} \times 0.35$

⑩ $\dfrac{12}{25} \div 0.24$

⑪ $\dfrac{17}{30} \div 0.225$

⑫ $\dfrac{39}{45} \div 0.156$

⑬ $135 \times 0.25 \times \dfrac{4}{5}$

⑭ $24 \times \dfrac{7}{9} \times 0.45$

⑮ $121 \times 0.272 \times \dfrac{25}{68}$

⑯ $64 \div \dfrac{50}{24} \div 0.192$

⑰ $54 \div 0.16 \div 1.25 \times \dfrac{7}{18}$

⑱ $84 \times 0.32 \div \dfrac{12}{5} \div 1.6$

Part 3 ÷ マジカル割り算と分数・小数の計算

8 割り切れるか素早く見分ける

ポイント!! 通分・約分がさっとできる

　約分をするときは、分母と分子のそれぞれを両方の「最大公約数」で割る。それには、分母と分子に共通な約数を見つける必要がある。
　共通の約数を見つけるためには、ある数がある数で割り切れるかどうかを判別する方法を知っていると便利である。

　下表のような判別法で、割り切れるかどうかの見分けがつく。これを頭に入れておけば、共通の約数が見つけやすくなるだろう。最大公約数も発見しやすくなるはずである。ただし、割る数が7の場合は便利な方法がない。
　また、最大公約数や最小公倍数を見つける方法

マジカル! テクニック 最大公約数・最小公倍数を見つけるときは並べて割っていく

割り切れるかどうかの判別法（割る数が2から11までの数）

割る数	割り切れる数の特徴	例
2	末位の1ケタが偶数	112は偶数だから割り切れる 113は奇数だから割り切れない
3	数字和が3の倍数	225の数字和は9（2+2+5）で3の倍数だから割り切れる 同様に考えると、311は割り切れない
4	下2ケタが4の倍数	324は、下2ケタの24が4の倍数だから割り切れる 834は割り切れない
5	末位の1ケタが5または0	135や1920は割り切れる 264は割り切れない
6	末位の1ケタが偶数で、しかも数字和が3の倍数	321は奇数だから割り切れない 322は数字和が7（3+2+2）で3の倍数でないから割り切れない 324は偶数で数字和も9（3+2+4）で3の倍数だから割り切れる
7	便利な判別法がない	———
8	下3ケタが8の倍数	1032や2168は割り切れる 2124は割り切れない
9	数字和が9の倍数	3744の数字和は18（3+7+4+4）で9の倍数だから割り切れる
11	奇数ケタの数字和と偶数ケタの数字和が等しいか、またはその差が11の倍数	22429は奇数ケタの数字和は15（2+4+9） 偶数ケタの数字和は4（2+2） 15 - 4=11で11の倍数だから割り切れる

キレイに割れたネ！
うん……

も知っておくと便利だ。
　方法は下に示したとおりだが、最小公倍数の場合は少し注意。全部に共通の約数でなくても、2つ以上の数に共通であれば、それで割る。割れない数は、そのまま答えに下ろしておいて、最後に、まわりにある約数と答えをすべて掛けるのだ。

最大公約数の求め方

```
7)42 63        3)12 18 48
3) 6  9        2) 4  6 16
   2  3           2  3  8
   ↪ 7×3=[21]     ↪ 3×2=[6]
        ↑これが最大公約数↑
```

最小公倍数の求め方

```
3)12 15 18
2) 4  [5]  6
   2   5  3
```
割り切れない数はそのまま下に

全部に共通の約数でなくても割る

ここがポイント

3×2×2×5×3=[180]
↑これが最小公倍数

商も掛け合わせる

Let's Challenge

15分でできれば	8分でできれば	4分でできれば
😮 凡人	😊 秀才	😁 達人

次の数は6、8、9のどれの倍数か。

① 9872　　② 894

③ 3879　　④ 15822

⑤ 24201　　⑥ 14824

次の数の最大公約数を求めなさい。

⑦ (48　60)

⑧ (108　252)

⑨ (352　396)

⑩ (108　180　396)

次の数の最小公倍数を求めなさい。

⑪ (6　18　15)

⑫ (144　216　168)

⑬ (78　390　624)

解答 ①8 ②6 ③9 ④6 ⑤9 ⑥8 ⑦12 ⑧36 ⑨44 ⑩36 ⑪90 ⑫3024 ⑬3120

81

> なるほど
> コラム ④

モノサシの原点は人のからだ

　長さや広さ、あるいは重さを測定する計量単位は、人間の生活と結びついて生まれてきている。

　たとえば、寸という単位は、手の親指の幅のことであったし、尺は、手を広げたときの中指の先端から親指の先端までの2倍の長さである。いずれも、モノサシがなかったころ、身体の一部を使って長さを測ったことを表わしている。1坪の語源も「ひとつ歩」ということで、1歩四方の広さの土地をさす。もっとも、この場合の1歩は複歩、つまり2歩のことであるが……。

　イギリスやアメリカで使われるフィート（単数はフート）やヤードなどの長さの単位も、人のからだを利用している。1フートは、文字を見てわかるように、足1つ分の長さのことである。ヤードは、16世紀のころのイギリスの国王ヘンリー1世が、自分の肩から手先までの長さを計量単位としたものだといわれる。洋の東西を問わず、人間の身体をモノサシに使うという発想は同じらしい。

　これは日常生活に使える。たとえば、デパートに家具を買いにいったときに、手近にモノサシがなかったら、自分の身体を利用するわけである。てのひら3つと中指の長さ分の幅のビデオテープケースとか、両手を広げた長さよりもちょっと広いサイドボードとか、けっこうモノサシとして役に立つ。

　何よりも、身近なものに置きかえて考えることで、数字に親しみがわいてくるだろう。

Part 4

知ってトクする計算の知恵

ウォーミング
アップ
スタート

Part 4 ! 知ってトクする計算の知恵

見た目の数字はあてにならない

> **ポイント!!**
> 数字は比べる土台を考えて比較する

　赤池君と黒川君は職場の草野球チームの仲間だ。夏の地区大会で、赤池君は6本の安打を放ち、黒川君は3安打だった。このとき、赤池君は黒川君より活躍したといえるだろうか？

　赤池君は打席に32回入って6本のヒットを打った。一方、黒川君は仕事の都合などで打席に立ったのは5回だった。そうした事情がわかると、むしろ黒川君の打棒のほうが光っているともいえる。

　次に別の例をあげてみよう。「どの商品も500円の値引きだよ！」と店員が声を張り上げている。これも、定価1000円の商品なら半額の大幅値引きだが、定価2万円の商品なら、たいした値引きではないだろう。

　このような数字は、日常のさまざまな場面で登場する。入学試験の受験者数と競争倍率。株価の値上がり額と値上がり率。こうした数字は、見た目の数量や金額以上に、比率や割合を考えるほうが重要なケースである。

　同様に、売上高や利益の額にもとづいて会社のランキングをするのも、あまり意味はない。

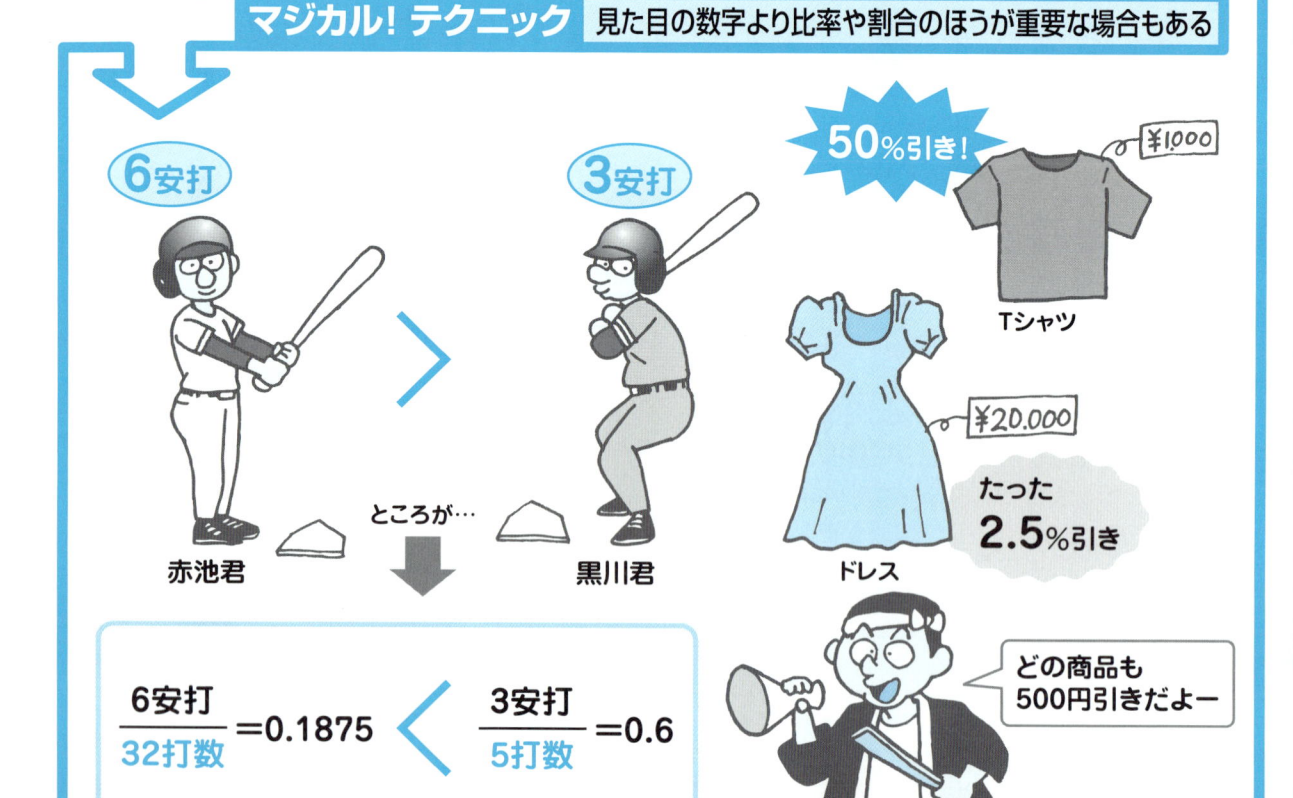

マジカル！テクニック　見た目の数字より比率や割合のほうが重要な場合もある

6安打　　　**3安打**　　ところが…

赤池君　＞　黒川君

$$\frac{6安打}{32打数}=0.1875 < \frac{3安打}{5打数}=0.6$$

50%引き！　¥1000　Tシャツ

¥20,000　ドレス　たった**2.5%引き**

「どの商品も500円引きだよー」

Part 4 !知ってトクする計算の知恵

2 縮小・拡大は比率に直す

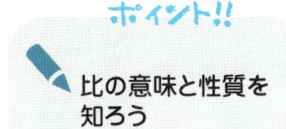

> ポイント!!
> 比の意味と性質を知ろう

河合さんは社内報の編集を担当している。写真を入れようと思い、タテ8.4cm、ヨコ13cmの写真を用意したのだが、スペースが足りなくなって入りきらない。

タテ・ヨコの割合は変えずに、ヨコの寸法を11cmに縮めたい。その場合、タテは何cmになるのだろうか。

もう1問。西川さんは、神奈川県の久里浜から千葉県の富浦までの距離を測ろうとしている。縮尺25万分の1の地図で、直線距離にして4cmなのだが、実際の距離は何kmか。

縮小をしたり拡大をしたりするときには、比の考え方を利用する。

1cmを25万倍すると、2千500mになる。だから、縮尺25万分の1の地図で1cmの距離は、実際には2.5kmである。地図上で4cmあるということは、その4倍なのだから、実際の距離は10kmと計算すればよい。

マジカル!テクニック　比は掛け算で表わせる（a:b=c:d→bc=ad）

■比べようとする2つの数a、bを

$$a:b$$

のように表した割合を<u>比</u>といい、「**a対b**」と読む。

■比a:bにおいて、$\frac{a}{b}$ を「**比の値**(あたい)」という。

■2つの比a:bとc:dがあって、その比の値が等しいとき、この2つの比は等しいといい、

$$a:b=c:d$$ と表わす。

このとき、$\frac{a}{b} = \frac{c}{d}$ であるから、次の関係が成り立つ。

$$bc=ad$$

写真のタテ・ヨコ
$8.4:13=x:11$
$\boxed{13x=8.4\times11}$
$x=\frac{8.4\times11}{13}≒7.1$

久里浜から富浦までの距離
$1cm:2.5km=4cm:x$
$\boxed{2.5\times4=1\times x}$
$x=10km$

Part 4 知ってトクする計算の知恵

3 面積と長さの縮小・拡大

> **ポイント!!**
> 面積が半分になっても、辺の長さは半分にはならない

　大友課長がコピー機の前で長澤君をつかまえて、ブツブツいっている。
　「きみ、見てごらんよ。B5サイズっていうのはB4の半分だろう？　ということは、B4サイズをB5に縮小するときの比率は50%でなきゃいけないと思うんだがね。ところが、ホラ、B4からB5への縮小比率は70%になっている」
　「アレ、本当ですねェ。でも、コピーをするとちゃんと半分のサイズになるから大丈夫ですよ」……課長のモヤモヤは解消しないようだ。

　この謎を解くカギは、面積の縮小比率と、辺の長さの縮小比率との関係にある。
　長方形の面積は、隣り合った2辺の長さを掛けて求められる。図のように、それぞれの辺の長さを70%に縮小すると、面積がおよそ半分になる。B5サイズがB4の半分というのは面積についてであり、コピー機の縮小比率は辺の長さの比率で表示されているのである。
　下のような絵グラフを見たとき、人間の視覚は面積の比率で状況を読み取るので要注意。

マジカル！テクニック　長方形のタテ・ヨコが半分になると面積は4分の1

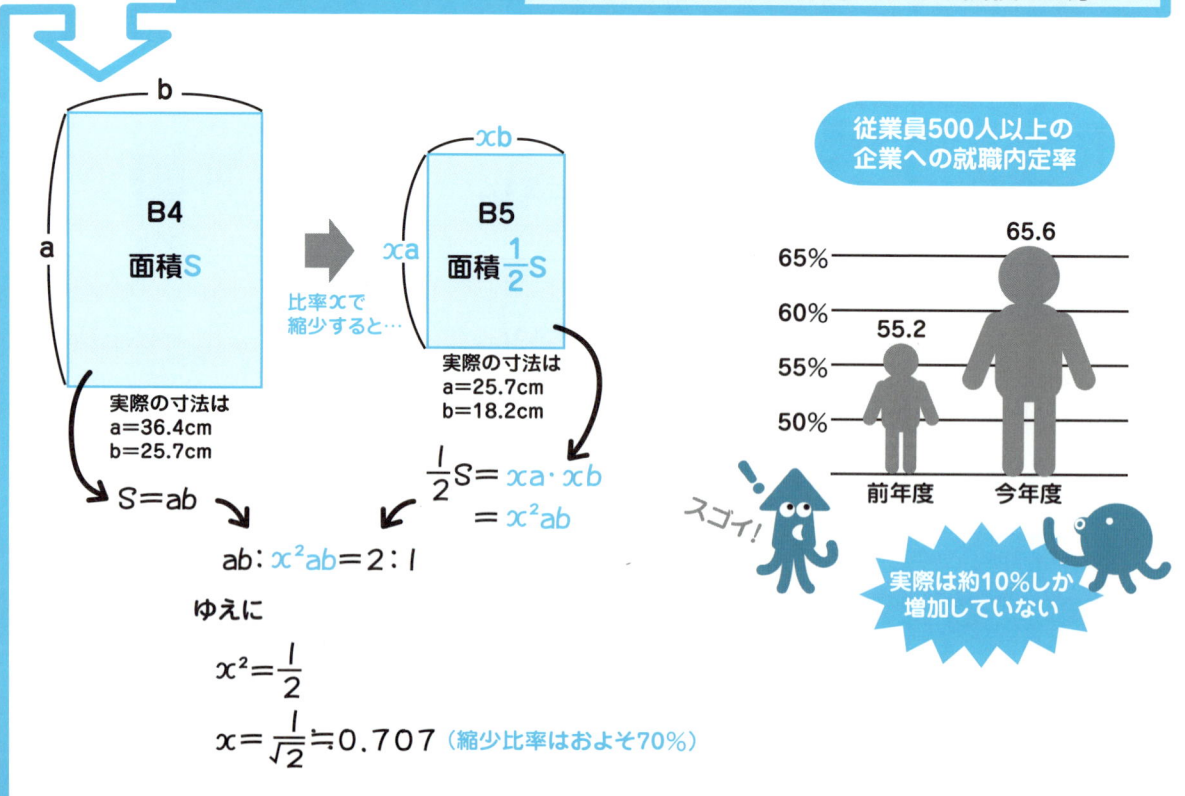

B4　面積 S
　辺 a、b
　実際の寸法は
　$a = 36.4$cm
　$b = 25.7$cm

比率 x で縮小すると…

B5　面積 $\frac{1}{2}S$
　辺 xa、xb
　実際の寸法は
　$a = 25.7$cm
　$b = 18.2$cm

$$S = ab$$

$$\frac{1}{2}S = xa \cdot xb = x^2 ab$$

$$ab : x^2 ab = 2 : 1$$

ゆえに

$$x^2 = \frac{1}{2}$$

$$x = \frac{1}{\sqrt{2}} \fallingdotseq 0.707 \text{（縮小比率はおよそ70%）}$$

従業員500人以上の企業への就職内定率

前年度 55.2
今年度 65.6

スゴイ！

実際は約10%しか増加していない

Part 4 知ってトクする計算の知恵

4 単位あたりでモノを見る

> ポイント!!
> 買い物などで、量的にソンをしない考え方が身につく

　すし屋に入った。イカ250円、中トロ600円。カウンターの内側に値札がぶら下がっている。イカ2つと中トロ2つ食べ、850円支払おうとすると、その2倍の金額の請求が板前さんからつきつけられた。札は1個あたりの値段だった…。
「1つで250円なのか、2つでなのか、ちゃんと書いとくべきじゃないか!」とつぶやき、単位あたりでモノを見ることの大切さを悟る。
　もう1例あげよう。スーパーの商品棚には、色とりどりのインスタントコーヒーが並んでいる。Mコーヒーは100グラム入りで898円、Gコーヒーは150グラム入りで1298円。中身がだいたい似たようなものだとしたら、どちらが安いだろう。
　このように、量が違うものを値段を比べるときは、比の考え方を使って単位あたりの金額に直す。Mコーヒーは10グラムあたり89.8円、Gコーヒーは同じ10グラムでおよそ86.5円。わずかだがGコーヒーのほうがお買い得だとわかる。

マジカル! テクニック　比を使って同じ単位あたりの金額に直す

Mコーヒーの単価計算
（100gで898円）

$100 : 898 = 10 : x$ と置いて

$$x = \frac{898 \times 10}{100} = 89.8$$

したがって、**10gあたり89.8円**

Gコーヒーの単価計算
（150gで1298円）

$150 : 1298 = 10 : y$ と置いて

$$y = \frac{1298 \times 10}{150} \fallingdotseq 86.5$$

したがって、**10gあたり86.5円**

5 確率の数字にダマされない

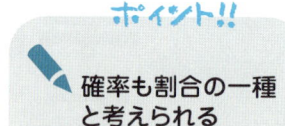

Part 4 知ってトクする計算の知恵

> **ポイント!!**
> 確率も割合の一種と考えられる

　ビジネスでは、確率という言葉がしばしば出てくる。確率とは、起こりうるすべてのケースの中で、ある特定のことが起こる割合である。

　たとえば、サイコロ1つを1回ころがすときに出る目は、1から6までの6通りである。そのとき、奇数は、1、3、5の3通り。だから、奇数の目が出る確率は6分の3、つまり0.5になる。

　ここで例題。山田君が大岩君にこういった。
　「このサイコロを振り、1回目に奇数が出たら、ぼくの勝ち。もしも、偶数が出たら、もう1回ころがす。2回目も偶数が出たらきみの勝ち。2回目が奇数ならば、やはりぼくの勝ち。どう、賭けてみない?」
　「それだったら、ぼくが勝てる確率は3分の1しかないから、不公平でだめだよ」と大岩くん。
　「じゃ、ぼくが負けたら2000円出す。きみが負けだったら1000円でいいよ」と山田君。
　これを聞き、大岩君は乗り気になった。はたして大岩君が勝つ確率は本当に3分の1だろうか。

マジカル! テクニック

$$確率 = \frac{特定のできごとが起こるケースの数}{起こりうるすべてのケースの数}$$

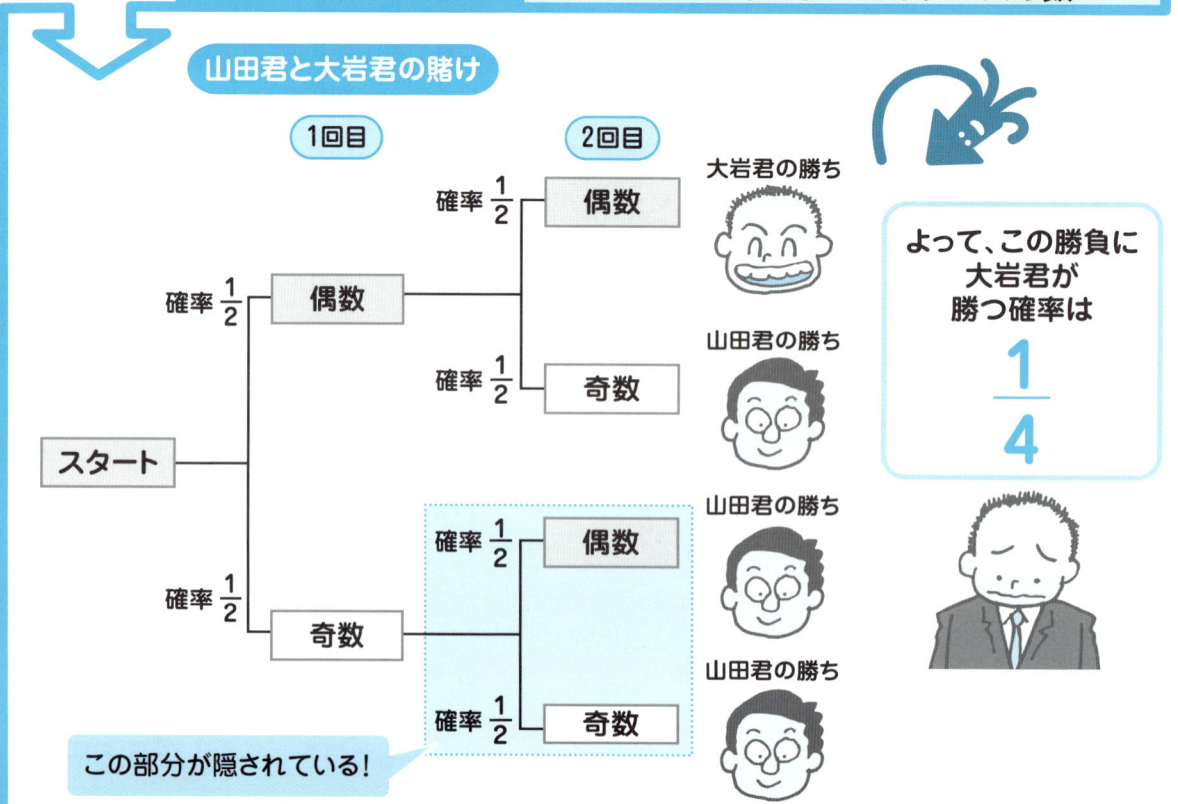

山田君と大岩君の賭け

1回目 → 偶数(確率 1/2)
- **2回目** → 偶数(確率 1/2):大岩君の勝ち
- **2回目** → 奇数(確率 1/2):山田君の勝ち

1回目 → 奇数(確率 1/2) 〔この部分が隠されている!〕
- **2回目** → 偶数(確率 1/2):山田君の勝ち
- **2回目** → 奇数(確率 1/2):山田君の勝ち

よって、この勝負に大岩君が勝つ確率は $\frac{1}{4}$

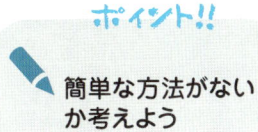

Part 4 知ってトクする計算の知恵

6 1から100まで一瞬で足す

ポイント!! 簡単な方法がないか考えよう

　AからHまでの8チームが参加して、リーグ戦方式で1回ずつ対戦する場合、全試合数はどうなるだろうか。

　最初のAチームは、BからHまでのチームと7試合を行なう。次のBチームも7試合行なうが、Aチームとの試合はすでに数えたから、実質的な試合数は6つである。同じようにして、Cチームの試合数は実質上5つである。こうして考えていくと、試合数は、1+2+3+……+7になる。

　このまま足し算をしてもよいのだが、下で示したようにすればもっと簡単にできる。

　1と7を足すと8、2と6も足して8、3と5を加えても8。8が7組できるから、8×7で56。この計算では、1から7までの数をそれぞれ2度ずつ足している。だから2で割って、1から7までの和は28…と考えるのである。

　このルールに気がつけば、1から10まででも、1から100まででも、簡単に計算できるはずだ。

マジカル! テクニック $1+2+\cdots+N = \dfrac{N(N+1)}{2}$

8チームでリーグ戦をするときの試合数は

$1+2+3+\cdots+7$

ひと工夫

$1+2+3+\cdots+7$
$\boxed{+7+6+5+\cdots+1}$ …これを付け加える
$=8+8+8+\cdots+8 = 8×7 = 56$

8が7組

↓ 1+2+3+…+7はこの半分だから

$1+2+3+\cdots+7 = \dfrac{7×8}{2} = 28$

応用 1から100まで足すといくつ?

$\dfrac{100×101}{2} = 5050$

即座に答えが出る

おまけ Nチームが出るトーナメントの試合数は **N−1** になる

Part 4 ❗ 知ってトクする計算の知恵

平均とは
どんなもの？

> ポイント!!
> 偏差値が順位を示すわけ

　大きさの違ういくつかの数値を、同じ大きさになるようにならす。こうして求められる数値が「平均」である。

　下の表（A）は、5人の人の所持金を調べたもの。この表をもとに、5人のならした所持金額を求めるには、合計額を人数で割ればよい。このやり方でならした平均は、「算術平均」と呼ばれる。

　ところで、1人ひとりが持っている金額は、どれも平均とは一致しない。平均よりたくさん持っている人もいれば、少ない人もいる。このばらつきぐあいの大小を見るためには、「標準偏差」という数値を利用する。

　表（B）は表（A）の5人よりもばらつきが大きいのが見た目でもわかる。見た目ではなく、ばらつきを数値で表わしたのが標準偏差だ。

　標準偏差は試験などにも利用されている。たとえば、平均点と標準偏差と自分の得点とから、自分がどのくらいの順位なのかがわかる。

マジカル！テクニック

$$算術平均 = \frac{合計}{合計した数の個数}$$

（A）

人	持っているお金（円）
1	26,000
2	33,000
3	32,000
4	28,500
5	30,500
合計	150,000

算術平均
150000 ÷ 5 ＝ 30000（円）

でも、（B）のほうが数字のばらつきが大きい気がする

そこで ↓ **標準偏差** を考える

（B）

人	持っているお金（円）
1	42,000
2	21,000
3	49,000
4	16,000
5	22,000
合計	150,000

$$標準偏差 = \sqrt{\frac{1}{N} \Sigma (それぞれの数 - 平均)^2}$$

Nは合計した数の個数

それぞれの数と平均との差を2乗したものを合計する
（Σ：シグマは合計することを表わす記号）

（A）では、
$$標準偏差 = \sqrt{\frac{1}{5}(4000^2 + 3000^2 + 2000^2 + 1500^2 + 500^2)} ≒ 2510（円）$$

（B）では、
標準偏差 ≒ 13008（円）

やっぱり！

（B）のほうが（A）よりばらつきが大きいとわかる

応用
$$偏差値 = 50 + \frac{それぞれの数 - 平均}{標準偏差} \times 10$$

Part 4 知ってトクする計算の知恵

8 平均の平均は平均か？

ポイント!! グループの大きさを考えよう

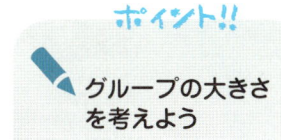

　AクラスでE語のテストをしたら、平均点が60点だった。隣のBクラスで同じテストをしたら平均点は40点だった。（60点＋40点）÷2＝50点だから、全体の平均は50点！　としてよいだろうか。

　実は、この場合の平均は「算術平均」と呼ばれるものである。Aクラスは人数が25人で、Bクラスは75人だとして考えてみよう。

　25人のクラスの点数の合計は1500点。75人のクラスのほうは3000点。両方合わせると点数の合計は4500点になる。全体の人数は100人だから、本当の平均は45点になるはずだ。

　両クラスの人数が25人ずつで同じなら、合計点数は全体で2500点。人数のほうは合わせて50人なので、全体の平均は50点としてよい。

　全体をいくつかのグループに分けて、グループごとの平均が算出されている。それをもとに全体の平均を知りたい。こういう場合は、グループの大きさが均等かどうかに注意する必要がある。

マジカル！テクニック　グループの平均を単純に算術平均しても、全体の平均にならないことが多い

①

	平均	人数
グループ1	60点	25人
グループ2	40点	25人

グループの数から単純に平均を計算

全体の平均＝（60＋40）÷2
　　　　　＝50（点）　OK

では

②

	平均	人数
グループ1	60点	25人
グループ2	40点	75人

グループの数から単純に平均を計算

全体の平均＝（60＋40）÷2
　　　　　＝50（点）　✕

正しい平均は

$$\text{全体の平均}＝\text{全体の点数合計}÷\text{全体の人数}$$

$$＝\frac{60×25＋40×75}{100}$$

$$＝45（点）\quad \text{OK}$$

Part 4 ! 知ってトクする計算の知恵

比率や割合の平均に注意

> ポイント!!
> 「重み」に注意して平均を出す

　グループ平均と全体平均との関係に似ているのが比率や割合の平均。たとえば、アルコール分18%のベルモット20ccと、45%のウオッカ40ccとを混ぜるとアルコール分何%のカクテルになる?

　まず、混ぜる酒の量が均等でない点に注意。だから、(18+45)÷2という算術平均の計算では、正しい答えは出てこない。18%のベルモット20ccには3.6ccのアルコール分が含まれる。40%のウオッカ40ccには18ccのアルコール分が含まれる。カクテル60ccには21.6ccのアルコールが入っているから、その濃度は36%だ。

　見方を変えてみよう。全体では60ccのカクテルがある。そのうちの20cc、つまり全体の0.33は18%の濃度のもので、残りの0.67は、45%の濃度ということである。

　こうした場合の平均は、それぞれの部分が全体の中で占める割合を重さにして計算する。この平均が「加重平均」といわれるゆえんだ。

マジカル! テクニック

加重平均=Σ(それぞれの部分の平均×全体の中でのその部分の割合)
※Σ(シグマ)とは、合計するという意味の記号

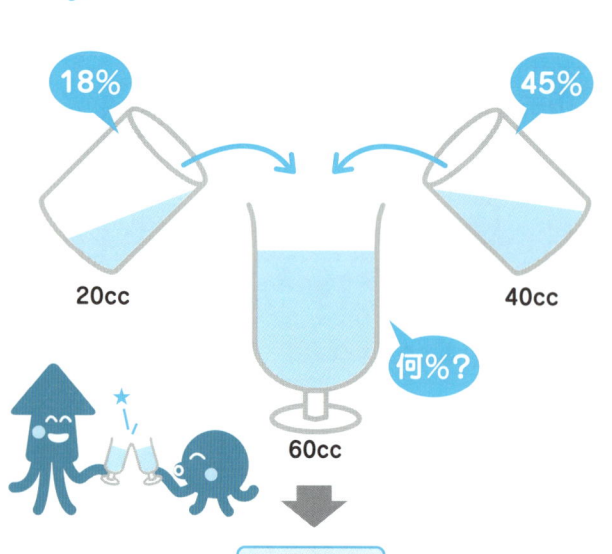

例
商品の在庫が100個ある。そのうち70個は1個あたり500円で、残りの30個は1個あたり540円で仕入れた。平均単価は?

$$500 \times \frac{70}{100} + 540 \times \frac{30}{100} = 512 (円/個)$$

18% → 20cc
45% → 40cc
何%? → 60cc

加重平均

$$18\% \times \frac{20}{60} + 45\% \times \frac{40}{60} = \frac{2160}{60} = 36 (\%)$$

さて血中濃度は?

10

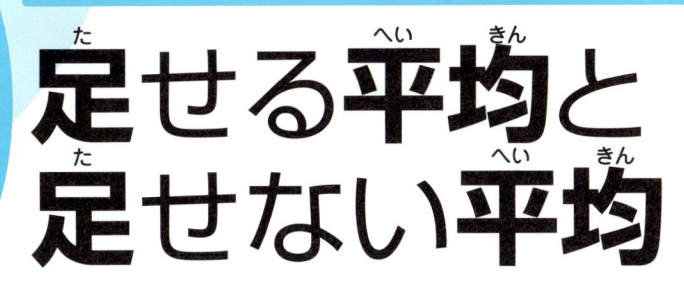

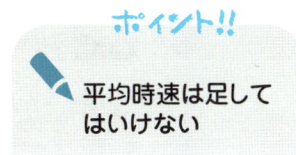

Part 4 ❗ 知ってトクする計算の知恵

足せる平均と足せない平均

> **ポイント!!**
> 平均時速は足してはいけない

　松尾さんは、仲間うちでは「隠れカーチェーサー」として知られている。日ごろはお茶をたしなんだり、生け花でシトヤカにしたり、とにかく上品。だが、いったん車のハンドルを握るともういけない。血が騒いでしまうのである。

「昨日は、ちょっと横須賀までころがしていたの。ところが、生意気な赤いオープンカーが追い越していくじゃない！　頭にきて、抜いたり抜かれたりしているうちに45分で横須賀に着いちゃった。距離は60kmだから平均時速は80kmになるのね。ワー、こわい」

「帰りは雨も降っていたからおとなしく走ったし、1時間15分かかったの。だから、時速は48km。そうすると行き帰りでは、(80＋48)÷2で、平均時速64km。まずまずだわね」

　残念だが、松尾さんは勘違いをしている。往復の平均を求めるとき、それぞれの時速を足して2で割っても、正しい時速は算出できない。

マジカル! テクニック

$$平均時速 = \frac{進んだ距離}{かかった時間}$$

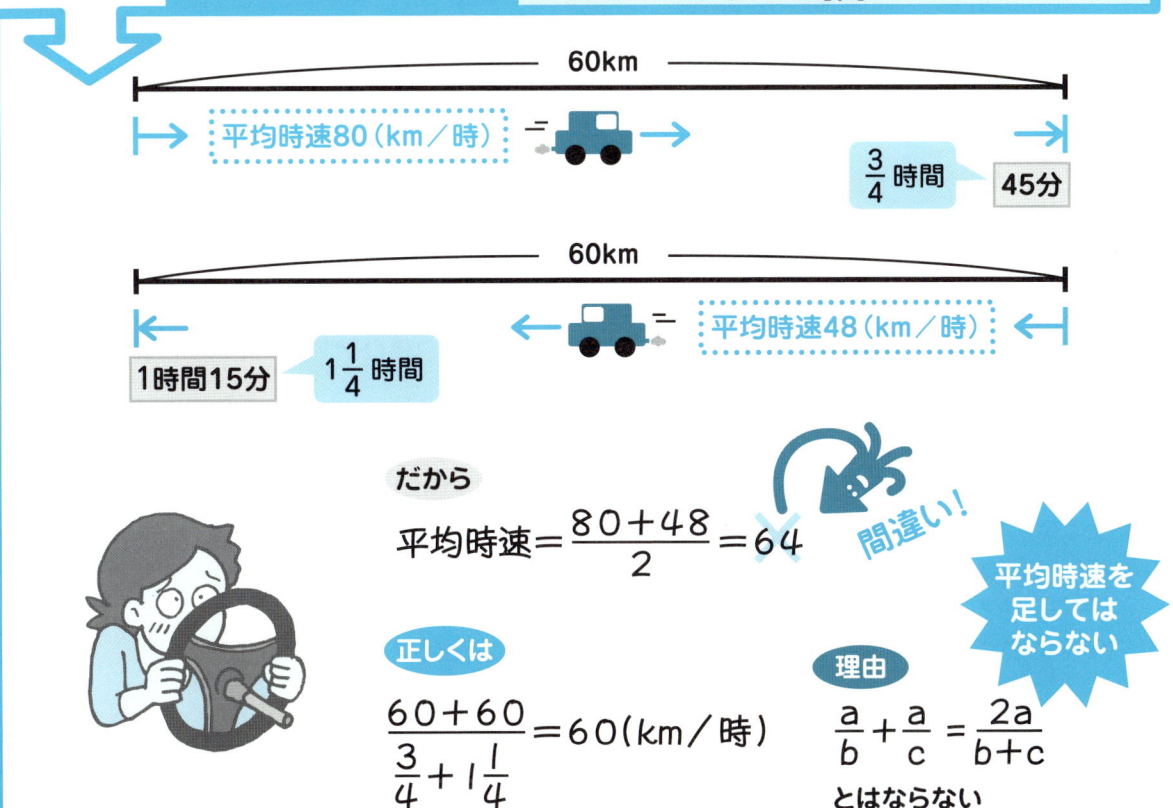

- 60km 平均時速80（km／時） $\frac{3}{4}$時間 45分
- 60km 平均時速48（km／時） 1時間15分 $1\frac{1}{4}$時間

だから

$$平均時速 = \frac{80+48}{2} = 64 \quad ✗ \text{間違い！}$$

平均時速を足してはならない

正しくは

$$\frac{60+60}{\frac{3}{4}+1\frac{1}{4}} = 60(km／時)$$

理由

$$\frac{a}{b} + \frac{a}{c} = \frac{2a}{b+c}$$

とはならない

Part 4 知ってトクする計算の知恵

11 基本は複利計算の考え方

ポイント!! 時間がたつにつれてお金の価値は変わる

現時点での100万円と8年後の115万円とを比べるときは、両方のお金を同一の時点での価値に換算してみる必要がある。換算の基本になるのは、複利計算の考え方だ。

かりに年あたりの利子率を2%とすると、現在の100万円は、図の計算のように8年後には117万1700円。8年後の115万円よりも、今日の100万円のほうが価値が大きいわけである。

現時点の1円を将来のある時点のお金に換算したいときは、複利の元利合計を求める係数を使えばよい。この係数を「終価係数」という。

逆に将来のある時点での1円を現在価値に直す場合には、終価係数の逆数(「現価係数」)を掛ける。この計算を「割引計算」という。

たとえば、年2%の金利で複利計算をする貸付信託がある。この貸付信託で5年後に500万円を受け取るには、いまいくらのお金を預ける必要があるのだろうか。そのやり方は下図のとおりだ。

マジカル! テクニック

終価係数【利子率R、期間t】$= (1+R)^t$
※ある時点での1円を、利子率Rで、t期間後の価値に換算する

現価係数【利子率R、期間t】$= \dfrac{1}{(1+R)^t}$
※ある時点よりもt期間後の1円を、利子率Rで、その時点の価値に換算する

現在の100万円は利子率2%で8年後にはいくら？

$1000000 \times$ 終価係数【2%、8年】
$= 1000000 \times (1+0.02)^8$
$\fallingdotseq 1000000 \times 1.1717$ *
$= 1171700$(円)

*時間価値を調整するための係数は小数点以下3ケタか4ケタまで求める

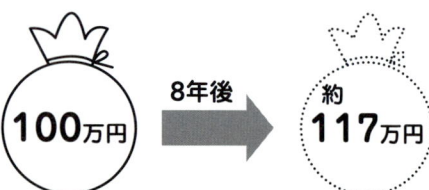

100万円 →8年後→ 約117万円

5年後の500万円は利子率2%で換算すると、いまはいくら？

$5000000 \times$ 現価係数【2%、5年】
$= 5000000 \times \dfrac{1}{(1+0.02)^5}$
$\fallingdotseq 5000000 \times 0.9057$
$= 4528500$(円)

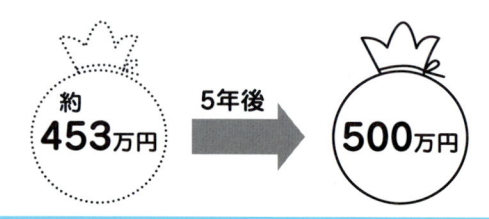

約453万円 →5年後→ 500万円

Part 4 知ってトクする計算の知恵

12 貯金が2倍になるまでの期間

ポイント!! もちろん借金が2倍になる期間の考えにも応用ができる

　1年ごとに複利計算がされる預金で、預けたお金が2倍になるまでにはどのくらいの期間がかかるのだろうか。何通りかの利子率について求めてみよう。

　下の表を見てほしい。終価係数が2で預けたお金が2倍になる。利子率が5%だと、14年とちょっと。7%ならば、だいたい10年ちょっと。10%になると、7年でおよそ倍になる。

　注意してみると気がつくが、利子率の数字と期間の数字とを掛けたものは、ほぼ72前後になっている。この関係は覚えておくと便利である。これを「72の法則」と呼ぶ。

　たとえば、昇給率が年平均4%であれば、給料が2倍になるのに18年かかるということになる。

　9年間で利益を倍増する計画を会社で立てているときには、平均して年8%の割合で利益を伸ばしていかなければならない。

　以上、計算上ではこのように考えられるが…。

マジカル! テクニック
72の法則（何%で運用すれば何年で2倍になるか）
年数＝72÷利子率（%）／利子率（%）＝72÷年数

利子率（年）	期間	年に換算	利子×年	終価係数
3%	23年5か月	23.4	70.2	1.9980
4%	17年8か月	17.7	70.8	1.9995
5%	14年2か月	14.2	71.0	1.9961
6%	11年11か月	11.9	71.4	2.0024
7%	10年3か月	10.3	72.1	2.0007
8%	9年	9	72.0	1.9990
9%	8年1か月	8.1	72.9	2.0069
10%	7年3か月	7.3	73.0	1.9957

72の法則

昇給率が年平均4%なら2倍になるには

$72 \div 4 = 18$（年）

9年間で利益を倍増させるには

$72 \div 9 = 8$（%）

年12%で借金をすると…
$72 \div 12 = 6$
たった6年で倍になっちゃう…

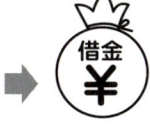

宮俊一郎（みや　しゅんいちろう）
広島県出身。一橋大学法学部卒業。マサチューセッツ工科大学経営大学院（スローンスクール）修士課程修了。公認会計士補。現在、産能大学・産能大学院教授。投資分析、ビジネスシミュレーション専攻。著書に、『べんり計算術』『付加価値のはなし』（以上、日本実業出版社）、『企業の設備投資決定』（有斐閣）などがある。

〈目と脳がフル回転！〉
即効マスター　マジカル計算術
2005年10月1日　初版発行

著　者　宮俊一郎　©S.Miya 2005
発行者　上林健一
発行所　株式会社日本実業出版社　東京都文京区本郷3-2-12　〒113-0033
　　　　　　　　　　　　　　　　大阪市北区西天満6-8-1　〒530-0047
　　　編集部　☎03-3814-5651
　　　営業部　☎03-3814-5161　振替　00170-1-25349
　　　　　　　　　　　　　　　　http://www.njg.co.jp/
　　　　　　　　　　　　印刷／壮光舎　製本／共栄社

この本の内容についてのお問合せは、書面かFAX（03-3818-2723）にてお願い致します。
落丁・乱丁本は、送料小社負担にて、お取り替え致します。

ISBN 4-534-03967-0　Printed in JAPAN